GeoTools

Development of Geographical Information System

GeoTools 地理信息系统开发

王项　刘钧文　王新宇　孙运娟　编著

人民邮电出版社

北京

图书在版编目（CIP）数据

GeoTools 地理信息系统开发 / 王项等编著. -- 北京 : 人民邮电出版社, 2022.11
ISBN 978-7-115-59387-0

Ⅰ. ①G… Ⅱ. ①王… Ⅲ. ①地理信息系统 Ⅳ. ①P208.2

中国版本图书馆CIP数据核字(2022)第094591号

内 容 提 要

GeoTools 是由开源社区维护的一套地理信息系统的开发组件和解决方案。GeoTools 的实现完整遵循了 OGC 的各类规范，并在二十多年的迭代中，形成了活跃的开源社区生态。

本书从 GeoTools 的基本信息、社区生态开始介绍，随后以地理信息的基本概念为脉络，详细介绍 GeoTools 是如何实现并管理坐标参考系统、如何管理矢量数据和栅格数据，以及如何连接地理数据库的。在本书的最后，通过实现一个空间数据管理系统，将全书的知识体系串联起来，帮助读者形成开源地理信息解决方案，来解决地理信息系统中的数据解析、坐标计算、空间关系等常见问题。

本书适合有志于从事地理信息系统开发工作的人员阅读，也可以帮助从事传统商业地理信息系统开发和管理工作的人员进一步了解开源地理信息系统。

◆ 编　　著　王　项　刘钧文　王新宇　孙运娟
　责任编辑　郭　媛
　责任印制　王　郁　焦志炜

◆ 人民邮电出版社出版发行　　北京市丰台区成寿寺路 11 号
　邮编　100164　　电子邮件　315@ptpress.com.cn
　网址　https://www.ptpress.com.cn
　三河市君旺印务有限公司印刷

◆ 开本：800×1000　1/16
　印张：11.75　　　　2022 年 11 月第 1 版
　字数：233 千字　　　2022 年 11 月河北第 1 次印刷

定价：79.80 元

读者服务热线：(010)81055410　印装质量热线：(010)81055316
反盗版热线：(010)81055315
广告经营许可证：京东市监广登字 20170147 号

推荐词

国家“十四五”规划聚焦“数字中国建设”，提出加快数字化发展，建设数字中国，驱动生产方式、生活方式和治理方式变革。数字化建设领域有广阔的市场前景和重要的社会价值。地理信息系统（GIS）的应用也正从一个专业领域逐渐成为数字化建设过程中的基础设施。两年前在进行智慧城市项目和相关系统建设中，我有幸与这本书的主要编著者王项共事，他对 GIS 相关技术的全面和深刻理解让我印象深刻。这本书的内容深入浅出，指导性强，值得各位专业人士学习和了解。

——田康，中移系统集成有限公司（雄安产业研究院）智慧城市平台部副总经理，
甘肃省数字政府建设、沈阳市数字政府建设负责人

GIS 作为将空间信息与属性信息紧密关联的学科，在当下以及未来的高速数据物联网时代，发挥的作用也越来越重要。这本书基于 GeoTools，深入浅出地为相关学科的从业者梳理了学科脉络和基础开发知识，并通过实际解决方案进一步探讨和明晰了工具的使用与实现方式，确实可为从业者提供重要的学习和参考依据。本人作为航天工作者，认为这本书很大程度上可以为航天技术应用产业遥感应用领域的开发工作者提供重要帮助。燃情地信，未来已来！这本书的出版，必将为 GeoTools 开发领域提供重要的借鉴，也必将为 GIS 事业的发展提供强大的动力！

——王骏飞，中国航天科技集团有限公司第五研究院西安分院业务主管

近十年来，伴随互联网的飞速发展，GIS 取得了长足进步，而 GeoTools 作为现代 GIS 的基础设施，在此进程中扮演着极其重要的角色。这本书在内容上，尽量从最简单、最基础的部分入手，又从实际的 GIS 建设角度进行深入阐述，让读者可以毫不费力地进入 GeoTools 的强大功能世界。它既可以作为理论学习用书，也可以作为案前的工具书使用，初学者和有经验的相关从业人员都值得阅读。

——严福强，北京国遥新天地信息技术股份有限公司成都技术中心总经理

GeoTools 是处理空间数据的利器，遵循 OGC 标准，业界众多基于 Java 的开源 GIS 软件均是基于 GeoTools 开发的。学习 GeoTools，对于理解 GIS 生态很有帮助。这本书由浅入深，不但介绍了 GeoTools 的各种应用方法，同时对相关理论知识进行了阐述，帮助读者们理解 GIS，值得广大 GIS 开发从业者学习。

——牛一峰，中国煤炭科工集团有限公司 GIS 高级工程师

推荐序

近年来，随着“数字地球”“数字孪生”概念的提出及相关技术的快速发展，政府、企业信息化程度的不断提高，地理信息系统在政务、企业管理、大众生活方面被使用得越来越多。

区别于最初的看、量、标、查等基础应用需求，新一代的地理信息系统需要更多扎实的技术基础，解决更多复杂度高的场景问题，比如拓扑关联、空间分析等。并且，随着新技术的发展，传统的商业软件形态架构固定、功能扩展性差、依赖性高等缺点越来越凸显，这就要求技术人员对基础技术功能的理解足够深入，以便更加灵活、经济、高效地融合、扩展新的软件服务。而开源工具类库，如这本书所述的 GeoTools，经过多年的发展，已经成为经济实用的地理信息处理的应用工具和教具。

不过，在过去很长一段时间里，一来因为整个地理信息系统发展和应用还处在成长阶段，“覆盖面积”还不够大，二来缺乏相应的中文资料，导致国内相关技术人员对譬如 GeoTools 类的开源工具的了解并不系统、深入。

再结合当下，如“数字孪生”“双向映射”等对地理信息系统更高的要求，技术人员需要采集现实世界的信息，再深度加工处理、分析出更高级的信息反哺现实世界，在这期间 GeoTools 会起到很多的作用。

从国内外各种行业软件的发展历史来看，行业软件需要由对所属行业具有深刻认识的从业人员，深入软件开发领域，立足行业特色需求，正向进行开发。经过了二十多年的实践与积累，我国地理信息系统行业软件得到长足发展，但是仍需要更多的精通软件开发和深入行业领域的从业者，来满足社会不断增长的地理信息发展需求。

这本书，正是在这样的时间窗口问世，详细深入地讲解这款工具。这对于国内地理信息系统的应用、开源地理信息系统工具的发展都有很好的促进作用。从书中的字里行间我也深刻地体会到 4 位编著者对新技术追求的热忱和对知识总结提炼的用心，他们是乐于分享技术成果的年轻人，这种精神值得同行学习。

谢国钧
中科星图股份有限公司副总裁
中科星图空间技术有限公司高级副总裁

前　言

地理信息系统是智慧城市和数字孪生的基础支撑技术，随着近年来相关领域的不断发展，越来越多的空间数据需要被采集、处理、存储、分析和可视化。GeoTools 是一个提供了全套空间数据解决方案的 Java 类库。更为重要的是，GeoTools 是开源的。相比传统地理信息领域的商业软件，GeoTools 提供了更开放的开发环境和更通用的空间数据规范。GeoTools 是当前开源地理信息领域的一个核心类库。基于 GeoTools，开源社区实现了 GeoServer 这样的空间数据服务平台和 GeoMesa 这类时空大数据处理类库。因此，熟悉和了解 GeoTools 可以为读者开辟一条借助开源社区打造地理信息解决方案的新道路。

本书面向的读者主要是地理信息系统行业的从业人员和大中专院校相关专业的师生。本书力求简单明了地介绍通过 GeoTools 实现的各类空间数据规范和 GeoTools 自身的设计思想。与计算机行业的其他技术类图书不同，本书并不要求读者具有深厚的程序设计功底，书中的代码更多的是为地理信息系统行业相关开源规范做解释的。读者仅需了解入门级的 Java 程序设计知识，即可顺利地阅读书中的代码。

本书的 4 位编著者为地理信息领域的求学者或从业人员，在共同的学习和工作经历中深感当前开源地理信息资源的零碎和复杂，因此萌生出编写一本能够将各类复杂的空间数据规范讲清楚的书的想法。

内容介绍及写作分工

全书共有 12 章。

第 1 章介绍 GeoTools 的基本信息，以及 GeoTools 在开源地理信息领域的生态等。

第 2 章介绍 GeoTools 的源代码组织与编译方法、如何构建 GeoTools，以及 GeoTools 的使用方式。

第 3 章介绍 Java 拓扑库、九交模型和常见的空间索引。Java 拓扑库是一个完全使用 Java

代码实现的几何对象模型类库，是 GeoTools 实现平面几何对象模型所依赖的类库。九交模型定义了平面几何对象之间的空间关系和判断依据。空间索引是一种加快空间数据查询速度的数据结构，是现代空间数据库的理论基础。

第 4 章介绍空间坐标系。空间坐标系是空间数据最复杂的部分，只有了解空间坐标系的相关信息，才能真正理解空间数据。

第 5 章是全书的重点，首先介绍常见的矢量数据格式，然后重点介绍 GeoTools 的矢量数据模型。GeoTools 提供了一套完善的插件式数据模型，几乎能够支持对任意的空间数据源的扩展。

第 6 章介绍栅格数据模型。栅格数据是除矢量数据之外的另一类基础空间数据。

第 7 章介绍地图样式与地图渲染、OGC 定义的地图样式规范以及 GeoTools 对其的实现。

第 8 章介绍通过 GeoTools 实现的空间查询与空间分析。

第 9 章介绍 GeoTools 如何连接和管理各类关系数据库。

第 10 章介绍 GeoTools 提供的各类地图组件。

第 11 章以一个实际项目为例，介绍如何使用 GeoTools 实现空间数据管理系统。

第 12 章介绍 GeoTools 使用中的一些常见问题。

王项负责全书的统稿工作，以及第 1、2、3、4、6、7、12 章和第 5 章部分内容的编写工作。

刘钧文负责第 8、10 章和第 5 章剩余部分内容的编写工作。

王新宇负责第 11 章的编写工作。

孙运娟负责第 9 章的编写工作。

感谢其他 3 位老师的辛苦工作，感谢郭媛编辑对本书的勘误和校对，感谢人民邮电出版社对本书的大力支持。

王 项

2022 年 3 月

服务与支持

本书由异步社区出品，社区（https://www.epubit.com）可为您提供相关资源和后续服务。

提交错误信息

编著者和编辑尽最大努力来确保书中内容的准确性，但难免会存在疏漏。欢迎您将发现的问题反馈给我们，帮助我们提升图书的质量。

当您发现错误时，请登录异步社区，按书名搜索，进入本书页面（见下图），单击“提交勘误”，输入错误信息后，单击“提交”按钮即可。本书的编著者和编辑会对您提交的错误信息进行审核，确认并接受后，您将获赠异步社区的100积分。积分可用于在异步社区兑换优惠券、样书或奖品。

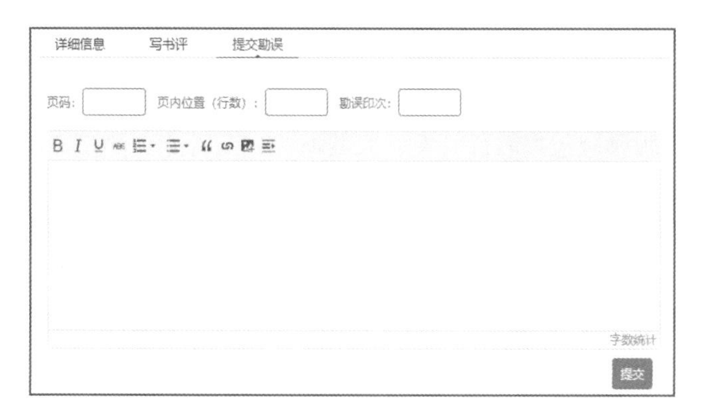

扫码关注本书

扫描下方二维码，您将会在异步社区微信服务号中看到本书信息及相关的服务提示。

与我们联系

我们的联系邮箱是 contact@epubit.com.cn。

如果您对本书有任何疑问或建议，请您发电子邮件给我们，并请在电子邮件标题中注明书名，以便我们更高效地做出反馈。

如果您有兴趣出版图书、录制教学视频，或者参与图书翻译、技术审校等工作，可以发电子邮件给我们；有意出版图书的作者也可以到异步社区在线投稿（直接访问 www.epubit.com/contribute 即可）。

如果您所在的学校、培训机构或企业，想批量购买本书或异步社区出版的其他图书，也可以发电子邮件给我们。

如果您在网上发现有针对异步社区出品图书的各种形式的盗版行为，包括对图书全部或部分内容的非授权传播，请您将怀疑有侵权行为的链接发电子邮件给我们。您的这一举动是对作者权益的保护，也是我们持续为您提供有价值的内容的动力之源。

关于异步社区和异步图书

“异步社区”是人民邮电出版社旗下 IT 专业图书社区，致力于出版精品 IT 图书和相关学习产品，为作译者提供优质出版服务。异步社区创办于 2015 年 8 月，提供大量精品 IT 图书和电子书，以及高品质技术文章和视频课程。更多详情请访问异步社区官网。

“异步图书”是由异步社区编辑团队策划出版的精品 IT 专业图书的品牌，依托于人民邮电出版社近 40 年的计算机图书出版积累和专业编辑团队，相关图书在封面上印有异步图书的 Logo。异步图书的出版领域包括软件开发、大数据、人工智能、测试、前端、网络技术等。

异步社区

微信服务号

目　　录

第 1 章　GeoTools 基本知识……1

1.1　GeoTools 简介……2

1.2　GeoTools 架构……2

1.3　GeoTools 特性……3

1.4　GeoTools 生态……4

1.4.1　兼容地理信息系统标准……4

1.4.2　内部生态……5

1.4.3　外部生态……8

1.5　本章小结……11

第 2 章　GeoTools 快速入门……12

2.1　Java 概述……12

2.1.1　Java 语言特性……12

2.1.2　JDK 与 JRE……14

2.2　GeoTools 的构建……15

2.2.1　安装构建工具……15

2.2.2　使用 Maven 构建 GeoTools……16

2.2.3　Java 8 与 Java 11……18

2.3　GeoTools 的使用方式……18

2.3.1　引用 GeoTools 依赖包……19

2.3.2　使用 GeoTools 的接口……19

2.3.3　使用 GeoTools 工具类……20

2.3.4　使用工厂模式……20

2.4　本章小结……21

第 3 章　Java 拓扑库……22

3.1　几何对象模型概述……22

3.1.1　空间实体概述……22

3.1.2　如何描述空间实体……23

3.1.3　OpenGIS 几何对象模型……24

3.2　几何对象模型分类……24

3.2.1　几何对象……25

3.2.2　简单数据模型……26

3.2.3　集合数据模型……29

3.2.4　曲线和曲面数据模型……32

3.3　空间关系运算……33

3.3.1　九交模型概述……33

3.3.2　GeoTools 对空间关系运算的支持……37

3.4　空间索引……41

3.4.1　四叉树……41

3.4.2　k 维树……42

3.4.3　R 树……43

3.5　本章小结……44

第 4 章　空间坐标系……45

4.1　地球椭球体……45

4.2 地图投影 46
4.2.1 地图投影方法 46
4.2.2 常用地图投影 48
4.3 坐标系的 WKT 51
4.4 GeoTools 中的坐标系 52
4.4.1 系统架构 52
4.4.2 坐标参考系统基础分类 53
4.4.3 不同坐标参考系统的关联与约束 54
4.5 本章小结 57
第5章 空间矢量数据管理 59
5.1 DataStore 数据管理框架 59
5.1.1 架构设计 59
5.1.2 DataStore 60
5.1.3 FeatureSource 61
5.1.4 FeatureStore 63
5.1.5 SimpleFeature 63
5.1.6 SimpleFeatureType 64
5.1.7 FeatureCollection 65
5.2 WKT 67
5.2.1 WKT 概述 67
5.2.2 WKT 对几何对象的描述方法 67
5.2.3 GeoTools 对 WKT 的解析工具 68
5.3 GeoJSON 69
5.3.1 GeoJSON 概述 69
5.3.2 GeoJSON 对空间几何对象的描述方法 69
5.3.3 GeoTools 对 GeoJSON 的解析工具 70
5.4 Shapefile 71
5.4.1 Shapefile 概述 71
5.4.2 Shapefile 结构 72
5.4.3 GeoTools 对 Shapefile 的支持 72
5.5 GeoPackage 74
5.5.1 GeoPackage 介绍 74
5.5.2 GeoPackage 的内部结构 74
5.5.3 GeoTools 中的 GeoPackage 79
5.6 实现一个自定义 CSVDataStore 81
5.6.1 CSVDataStore 的实现 82
5.6.2 CSVFeatureSource 的实现 83
5.6.3 CSVFeatureReader 的实现 85
5.6.4 CSVDataStoreFactory 的实现 88
5.7 本章小结 91
第6章 栅格数据模型 92
6.1 栅格数据概述 92
6.2 图像金字塔 93
6.2.1 图像金字塔概述 93
6.2.2 构建图像金字塔 94
6.3 GeoTools 的栅格数据管理框架 94
6.3.1 架构设计 94
6.3.2 GridCoverage 简介 95
6.3.3 GeoTools 中的栅格图像处理 96
6.4 GeoTIFF 介绍 98
6.4.1 GeoTIFF 概述 98
6.4.2 GeoTools 读取 GeoTIFF 文件 99
6.5 本章小结 100
第7章 地图样式与渲染 101
7.1 地图样式简介 101
7.1.1 架构设计 101
7.1.2 符号样式 103
7.1.3 标注样式 104
7.1.4 使用 SLD 104

7.2 GeoTools 中的地图渲染 …… 107
7.3 本章小结 …… 109
第 8 章 空间查询与空间分析 …… 110
8.1 空间查询 …… 110
8.1.1 上下文查询语言 …… 110
8.1.2 扩展上下文查询语言 …… 111
8.1.3 空间查询过滤器 …… 111
8.1.4 空间查询对象 …… 112
8.2 矢量空间分析 …… 113
8.3 图分析 …… 115
8.3.1 图概述 …… 115
8.3.2 GeoTools 中图对象的构建 …… 116
8.3.3 最短路径算法 …… 117
8.3.4 GeoTools 中最短路径算法的使用 …… 117
8.4 栅格空间分析 …… 118
8.4.1 栅格重投影 …… 118
8.4.2 常用栅格空间分析实例 …… 119
8.5 本章小结 …… 124
第 9 章 GeoTools 使用数据库 …… 125
9.1 数据库系统 …… 125
9.1.1 什么是数据库 …… 125
9.1.2 数据库的分类 …… 126
9.1.3 空间数据库 …… 127
9.2 GeoTools 对关系数据库的支持 …… 128
9.2.1 JDBC 简介 …… 128
9.2.2 GeoTools 对 JDBC 的扩展 …… 129
9.2.3 主要关系数据库简介 …… 131
9.2.4 不同关系数据库的使用方式 …… 132
9.3 GeoTools 对非关系数据库的支持 …… 135
9.3.1 主要非关系数据库简介 …… 135
9.3.2 不同非关系数据库的使用方式 …… 136
9.4 本章小结 …… 138
第 10 章 GeoTools 地图组件 …… 139
10.1 地图可视化概述 …… 139
10.2 Java 对可视化的支持 …… 139
10.3 gt-swing 模块 …… 141
10.3.1 JMapPane …… 141
10.3.2 JMapFrame …… 143
10.3.3 Dialog 类 …… 144
10.3.4 Wizard 类 …… 145
10.4 gt-swt 模块 …… 147
10.4.1 SWTMapFrame …… 147
10.4.2 Rich Client Platform …… 148
10.5 本章小结 …… 150
第 11 章 空间数据管理系统 …… 151
11.1 空间数据管理系统架构设计 …… 151
11.2 空间数据管理系统实现 …… 152
11.2.1 空间数据模拟生成模块 …… 153
11.2.2 坐标变换模块 …… 154
11.2.3 空间数据格式转换模块 …… 154
11.2.4 空间数据质检模块 …… 157
11.2.5 空间数据归档入库模块 …… 160
11.3 本章小结 …… 162
第 12 章 常见问题 …… 163
12.1 如何获取 GeoTools 的开源许可证 …… 163
12.2 GeoTools 的依赖下载问题 …… 164
12.3 Shapefile 乱码问题 …… 165
12.4 针对要素的细节操作问题 …… 167

12.4.1 reType 方法 ························· 167
12.4.2 first 方法 ························· 167
12.4.3 createType 方法 ························· 168
12.4.4 bounds 方法 ························· 168
12.5 更新 schema 失败问题 ························· 168
12.6 坐标轴顺序问题 ························· 169
12.7 圆形问题 ························· 169
12.8 经纬度距离计算问题 ························· 171
12.9 本章小结 ························· 172

第1章

GeoTools 基本知识

对于大多数传统地理信息系统（Geographical Information System，GIS）开发的从业人员来说，GeoTools 可能是一个比较陌生的名字。但是随着地理信息系统与互联网和一些新技术的结合，以 GeoTools 为代表的开源地理信息系统生态逐渐进入人们的视线，越来越多的开发者愿意使用 GeoTools 来开发自己的应用程序。为什么 GeoTools 有如此大的魅力呢？GeoTools 是什么？GeoTools 从何而来，又是如何发展的呢？本章将会从以下 4 个方面来介绍 GeoTools。

- GeoTools 简介。
- GeoTools 架构。
- GeoTools 特性。
- GeoTools 生态。

随着开源地理信息系统生态的不断发展，越来越多的地理信息系统开发者选择使用 GeoTools 来进行相关软件的开发。那么 GeoTools 是什么呢？它又是从何而来的呢？1.1 节会对这两个问题进行解答。

GeoTools 是一个开源 Java 代码库，基于 GNU 宽通用公共许可证（Lesser General Public License，LGPL），它的标识如图 1-1 所示。它为地理空间数据（以下简称“空间数据”）提供符合开放式地理信息系统协会（Open GIS Consortium，OGC）规范的各类处理方法，是 OGC 规范的 Java 实现。许多开源地理信息工具，包括 Web 地图服务、桌面应用程序等均使用了 GeoTools。

图 1-1　GeoTools 的标识

1.1 GeoTools简介

GeoTools始于1996年，最初是英国利兹大学的一个研究生课程项目，主要用于将空间数据可视化。不久之后，利兹大学将空间数据可视化独立为一门课程，并开始研究如何将地理信息系统应用于公众领域，之后使用1.0版本的GeoTools制作了一个地图网页，当地居民可在这个地图网页上讨论本地城乡规划方案。随着实际需求的不断增多，GeoTools的功能逐渐完善，并成为一个独立的地理信息工具类库。需要说明的是，早期的GeoTools开发过程中并没有参考任何OGC规范，而是直接使用了当时流行的Java Applet接口。1.0版本的GeoTools主要用于构建能够交互式展示空间数据的客户端。

1.0版本的GeoTools的开发团队中仅有两位是来自利兹大学的开发者，随着功能的不断增加，代码变得凌乱和难以维护。因此在2002年，开发者们对GeoTools进行了全新的设计与重构，此时GeoTools的开发团队已变成一个去中心化的全球团队，并在这次重构中明确了一套开源的软件设计、决策与实现体系，成立了GeoTools项目管理委员会。2.0版本的GeoTools新增了坐标系转换、栅格数据读取与渲染等功能，并开始明确将自身作为一个Java标准的空间数据类库的开发方向。当时，有很多使用Java程序设计语言的地理信息系统开发者，为了统一这些开发者的成果，GeoTools开始参考OGC规范，并实现了一套被称为GeoAPI的开放地理空间接口。之后的多年里，GeoTools的版本从2.1发展到2.7，GeoAPI已经开发完成，整体结构也与我们今天见到的代码库接近，并在2012年发布了里程碑版本，即GeoTools 8.0。现在版本的GeoTools的软件架构与8.0版本的软件架构相比没有太多改动，即在多年迭代中保持了稳定。

1.2 GeoTools架构

GeoTools作为一个持续迭代了二十多年的开源项目，其代码高度模块化与规范化，了解GeoTools代码目录结构有助于厘清应用程序所需的依赖包。本节介绍GeoTools代码仓库的各个部分以及它们是如何组合在一起的。为了让特定应用程序仅包含其需要的依赖，用户可以为项目选择适量的GeoTools依赖包。GeoTools主要模块如图1-2所示，从左到右依次为接口层、实现层和插件层，模块的依赖关系为从上到下，即上面的模块依赖下面的模块。

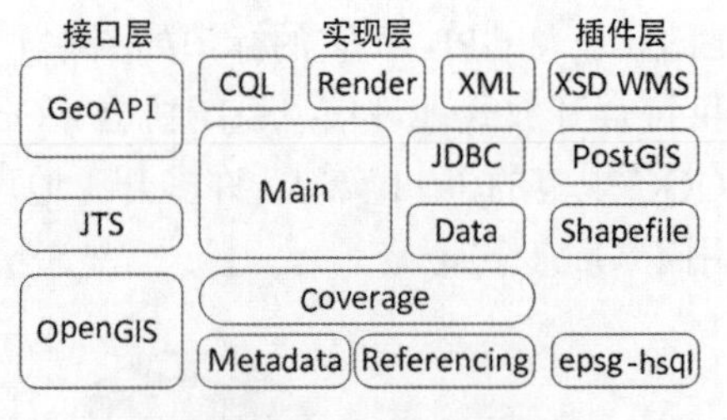

图1-2 GeoTools主要模块

接口层封装了空间数据的核心规范。接口层主要包括三大类规范，分别是：GeoAPI，这是GeoTools提供的一套稳定的空间数据操作接口；Java拓扑库（Java Topology Suite，JTS），这是使用 Java 代码实现的一套几何类库；OpenGIS 接口，这是对 OpenGIS 各类规范的 Java 接口的定义。

实现层是 GeoTools 的核心，是各类空间数据规范的具体代码实现。从底向上包括：元数据模块 Metadata，负责处理各类空间数据格式的元数据信息；空间坐标系模块 Referencing，负责各类地理坐标系和投影坐标系的定义与转换；栅格数据模块 Coverage，负责栅格数据的读写；Main 模块，负责各类常用工具、数据结构和框架的定义；矢量数据模块 Data，负责所有矢量数据的读写；关系数据库操作模块 JDBC，负责读写各类关系数据库和对应的空间数据扩展；空间查询语言模块 CQL，定义了一套逻辑完备的空间查询语言，用于实现各类空间数据查询；空间数据渲染模块 Render，负责矢量数据和栅格数据的渲染；XML 模块，用来操作各类使用 XML 格式描述的空间数据和元数据信息。

插件层是 GeoTools 扩展能力的体现。插件层基于接口层和实现层，是对具体应用的对应实现，具体包括欧洲石油调查组织（European Petroleum Survey Group，EPSG）的空间坐标系定义扩展模块 epsg-hsql，该模块记录了欧洲石油调查组织的 6000 多个地理坐标系定义；Shapefile 为空间数据文件格式扩展模块，该模块负责对 Shapefile 这类十分常用的矢量数据格式提供读写和索引的支持；空间数据库模块 PostGIS 负责对当前业界十分常用的 PostGIS 空间数据库提供读写和索引的实现；XSD WMS 负责对基于 XML 的一些 OGC 的数据格式和服务规范提供实现。

1.3 GeoTools 特性

GeoTools 能够逐渐流行起来，离不开它本身的丰富特性，本节会对这些特性进行介绍。

（1）定义了空间数据概念和数据结构。

使用 JTS 作为基础的几何类库。依据 OGC 规范，实现空间过滤器和属性过滤器。

（2）定义了一套干净的数据访问接口，并支持访问者模式、事务和多线程。

支持访问多种地理空间文件格式和空间数据库。

支持坐标参考系统的转换。

支持常见的地图投影。

能够根据空间和非空间属性过滤和分析数据。

（3）提供了一个无状态、低内存消耗的地图数据渲染器，尤其适用于服务器端的地图渲染。

支持复杂的地图样式。

支持文本标签和文本颜色混合。

（4）支持 OGC 定义的地理标记语言（Geographic Markup Language，GML）规范、样式图层描述器（Styled Layer Descriptor，SLD）规范等 XML 格式规范。

（5）提供了一套被称为 GeoTools Plugins 的开放式插件系统，允许接入任意空间数据格式。

（6）提供了一套地理信息处理工具和扩展接口。

提供了基础的空间数据处理方法，支持图和网络分析、空间数据校验、Web 地图服务器的客户端、XML 解析和编码、地图样式生成器等。

（7）提供开源社区扩展。

GeoTools 拥有一个活跃的开源社区，许多具有实验性的功能和最新的功能均是由社区开发者来维护的。这些功能主要包括支持桌面图形化方案、本地和 Web 流程支持、附加符号系统、附加数据格式、网格生成等。

1.4 GeoTools 生态

经过多年的发展，GeoTools 已经形成了庞大的生态。这个生态包含 3 个方面：在标准方面，GeoTools 遵守并实现了地理信息系统行业的通用标准 OGC 规范；在其内部，它对不同数据类型、不同数据格式等进行兼容；在其外部，很多组件也实现了和它的对接。本节会对这 3 个方面进行详细的介绍。

1.4.1 兼容地理信息系统标准

OGC 是一个面向地理空间信息的全球化开放组织，它的标识如图 1-3 所示。该组织包含了 500 多家企业、政府机构、研究机构和大学，致力于实现地理空间信息的可发现性、可到达性、可交互性和可重用性。OGC 提供了一系列针对地理空间信息的基础标准和解决方案，同时 OGC 也是一个解决地理信息前沿问题的研究平台。

图 1-3 OGC 的标识

GeoTools 的产生依托于 OGC，GeoTools 也被称为 OGC 规范的开源 Java 实现。在 GeoTools 的源代码中，许多 OGC 规范文本被直接写在代码的注释上。同时，OGC 规范文本中也使用 GeoTools 的类图作为自身实现的解释。由于 OGC 已经成为国际标准化组织（International Organization for Standardization，ISO）的一员，因此 GeoTools 实现的规范也成为相关国际标准。

GeoTools 中的 JTS 是一个提供了平面几何对象模型和常见几何函数实现的开源 Java 类库。JTS 遵循 OGC 的简单要素规范和简单要素结构查询语言（Structure Query Language，SQL）规范。JTS 既可以作为矢量地理信息系统中具有提供点、线、面等的能力的基础组件，又可以作为一种负责提供几何算法实现的通用类库。

GeoTools 使用 JTS 作为自身对平面几何对象的实现，不同版本的 GeoTools 依赖不同版本的 JTS。读者在使用 Maven 添加 GeoTools 依赖的时候，其会根据当前 GeoTools 版本，自动下载对应版本的 JTS 依赖。同时，GeoTools 中的几何对象空间关系判断、几何算法和图算法等矢量计算范畴内的实现也依赖于 JTS。

1.4.2 内部生态

GeoTools 的内部生态主要是其本身对不同标准和格式的兼容，包含对数据类型的兼容、空间运算逻辑的兼容、地理坐标系的兼容、不同的数据格式的兼容以及不同的查询接口的兼容等。接下来会对每一个具体方面进行介绍。

1. 兼容数据类型

我们知道，在计算机程序设计语言中，数据类型有一套定义方式。例如在 Java 中，原生支持 8 种基本数据类型，如表 1-1 所示。当然 Java 也支持一些引用数据类型，这些一般是用户定义的。

表 1-1 Java 的基本数据类型

数据类型	中文名称	占用位数
byte	字节型	8
short	短整型	16
int	整型	32
long	长整型	64
float	单精度浮点型	32
double	双精度浮点型	64
boolean	布尔型	1
char	字符型	16

在地理信息系统场景下，这些数据类型是不能满足需求的，因此需要更多的矢量数据类型。例如在 OGC 规范中，就定义了一些空间矢量数据类型，部分常用的空间矢量数据类型如表 1-2 所示。

表 1-2 部分常用的空间矢量数据类型

数据类型	中文名称
Point	点
LineString	多段线
Polygon	多边形
MultiPoint	多点
MultiLineString	多重多段线
MultiPolygon	多重多边形
Geometry	空间数据
GeometryCollection	几何对象集合

除了空间矢量数据类型，还有空间栅格数据类型，甚至有基于上述这两种数据类型形成的矢量切片数据类型和栅格切片数据类型。这些数据类型是比较特殊的，因此需要对前面提到的基本数据类型进行封装才能满足需求。

对于上述这些不同的数据类型，GeoTools 都实现了支持，用户可以非常方便地利用 GeoTools 的内置方法或者类型定义来对上述的任何一种数据类型的数据进行管理。统一数据类型，可以大大提升数据管理效率。

2. 兼容空间运算逻辑

对于单个空间数据的描述，GeoTools 是支持的；对于多个空间数据之间的空间关系，GeoTools 也是支持的。它是基于 OGC 规范中的九交模型（Dimensionally Extended Nine-Intersection Model，DE-9IM）进行实现的。九交模型支持的空间关系如表 1-3 所示。

表 1-3 九交模型支持的空间关系

关系名称	中文名称
Contain	包含
Cross	交叉
Disjoint	相离
Equal	相等
Intersect	相交

续表

关系名称	中文名称
Overlap	重叠
Touch	邻接
Within	内部

当然九交模型有一套逻辑推导和数学定义，这些细节将在第 3 章进行介绍。

3. 兼容地理坐标系

为了更好地描述地球上的空间实体，人们一般会利用空间坐标系来进行定义。然而由于在不同的国家和地区，使用的大地参考有所不同，目前比较常用的地理坐标系如表 1-4 所示。

表 1-4　常用的地理坐标系

坐标系名称	类型	坐标原点
WGS-84 坐标系	地心坐标系	地球质心
GCJ02 坐标系	地心坐标系	地球质心
北京 54 坐标系	参心坐标系	苏联普尔科沃
CGCS2000 坐标系	地心坐标系	地球质心

不同的坐标系无法进行相互转换，对应的空间数据也无法进行统一管理。不过 GeoTools 对这些地理坐标系都实现了兼容，可以方便用户的开发。

4. 兼容不同的数据格式

数据的封装往往涉及不同的数据格式，空间数据也不例外。空间数据的形式往往更加复杂，因此对应的数据格式也更加多样。其中，不仅有比较基本的逗号分隔值（Comma-Separated Values，CSV）格式，还有很多其他的数据格式，例如 GeoJSON 等。常用的空间数据格式如表 1-5 所示。

表 1-5　常用的空间数据格式

数据格式名称	发布机构
Shapefile	ESRI
KML	Keyhole
GeoJSON	IETF
OSM	OpenStreetMap
CSV	—

当然还有很多其他的空间数据格式，GeoTools 也实现了支持，在后续章节会有详细的介绍。

5. 兼容不同的查询接口

由于地理信息系统行业涉及不同的数据源，因此也会涉及不同的查询接口。GeoTools 在这方面也完成了对不同查询接口的适配。

最上层，GeoTools 提供了一套完整的数据管理接口——DataStore，用户可以通过配置参数的方式构造对应的 DataStore 实例，并通过该实例完成对不同数据源的连接。查询接口采用的是 OpenGIS 的查询语言——上下文查询语言（旧称“通用查询语言”，Common Query Language，CQL），这样就能够保证 GeoTools 可以兼容所有地理信息系统行业的同类型数据源。

对于传统关系数据库所采用的 JDBC 接口，GeoTools 也实现了支持，是通过将其内部的 CQL 语句转换成 SQL 语句来实现的。

对于新兴的非关系数据库，GeoTools 也实现了支持。不过对应的数据源的接口往往不一样，因此针对每一种具体的数据源接口，GeoTools 都是单独进行实现的。

1.4.3 外部生态

GeoTools 的外部生态是指使用 GeoTools 来进行空间数据管理的其他组件。GeoTools 的外部生态主要可以分为 3 个方面：桌面端应用、互联网服务和大数据组件。本小节会对这 3 个方面进行介绍。

1. 桌面端应用

对于比较传统的软件应用用户来说，他们比较习惯使用桌面端应用。GeoTools 在这方面也实现了支持，它是基于 uDig 来实现的。

uDig 是一个使用 Eclipse 富客户端技术构建的开源桌面地理信息系统。uDig 既可以作为一个独立桌面软件独立使用，也可以作为一个 Eclipse 富客户端的插件集成到用户的开发中。uDig 提供了一种基于 Java 桌面开发技术体系的地理信息系统解决方案，uDig 的功能包括空间数据访问、空间数据编辑和空间数据渲染等。uDig 的名称来源于它自身的开发理念。

第一，uDig 包含一个友好的图形化用户使用界面。第二，它是一个基于 Java 跨平台技术的原生桌面应用，原生支持 Windows 操作系统、macOS 和 Linux 操作系统。第三，uDig 支持各种互联网地图特性，包括网络地图服务（Web Map Service，WMS）、网络要素服务（Web Feature Service，WFS）、网络处理服务（Web Processing Service，WPS）等各类网络空间数据服务。第四，uDig 是一个插件化的、逻辑完备的地理信息平台，它不仅支持现有的各类地理信息数据服务，也能通过扩展支持未来的地理信息数据服务。uDig 使用 Eclipse 公共许可证（Eclipse Public License，EPL）作为自己的开源许可证。

uDig 是基于 GeoTools 构建的一套 Java 客户端地理信息平台软件。通过 uDig，用户可以在图形化的界面中展示空间数据、编辑空间数据，并配置空间数据的样式。uDig 导出的地图样式文件，可作为后续空间数据服务化的基础，和 GeoServer 一起构成一套桌面端和服务端的开源地理信息系统解决方案。

2. 互联网服务

互联网应用离不开网络服务。在这个方面，GeoTools 是通过兼容 GeoServer 来实现支持的，GeoServer 的标识如图 1-4 所示。

图 1-4 GeoServer 的标识

GeoServer 是一套使用 Java 编写的用于编辑和分享空间数据的开源软件。GeoServer 能够将各种 GeoTools 支持的空间数据发布为网络地图数据服务。相对于 GeoTools，GeoServer 实现了 OGC 的网络相关规范，主要包括 WMS、WFS、WPS 等。GeoTools 主要实现了对空间数据的读取、存储、处理、分析等，而 GeoServer 则实现了空间数据的服务化。因此 GeoServer 是目前最常用的开源地理信息软件之一，许多互联网地图厂商均使用 GeoServer 作为自家的地图服务器。

3. 大数据组件

随着大数据技术的不断成熟，地理信息系统的原有技术与大数据技术的结合成为趋势。GeoTools 作为开源地理信息系统的代表，它与很多大数据组件一样，是使用 Java 和类 Java 语言开发的，这也让它成为对接大数据生态的一个非常合适的切口。事实上，大量的管理空间数据的组件都采用 GeoTools 作为空间数据管理的工具，其中比较有代表性的有 GeoMesa、GeoWave 和 GeoTrellis。

GeoMesa 是一套基于分布式系统的、用于大规模空间数据查询和分析的开源类库，它的标识如图 1-5 所示。GeoMesa 使用 GeoTools 的数据源扩展能力，能将点、线、面等矢量数据存储在 Accumulo、HBase、BigTable、Cassandra 等分布式大数据存储系统当中，并在这些大数据存储系统上提供了一套时空索引。GeoMesa 基于自身的时空索引，能够对存储的海量矢量数据进行快速查询和分析。同时，GeoMesa 也支持接入 Kafka 对时空数据进行近实时的流式计算和处理。并且 GeoMesa 也支持和 GeoServer 进行集成，将前文提及的大数据存储系统发布为符合 OGC 规范的网络地图数据服务。更重要的是，GeoMesa 支持通过大数据计算引擎 Spark 对海量矢量数据进行分析，来构建一个分布式的海量时空数据分析系统。

图 1-5 GeoMesa 的标识

GeoMesa 对一系列大数据存储系统的支持，均是通过扩展 GeoTools 的数据源能力获取的，因此 GeoMesa 可被认为是 GeoTools 的大数据存储和分析扩展组件。

GeoWave 是美国国家地理空间情报局（National Geospatial-Intelligence Agency，NGA）开发的一个空间数据管理组件，它的标识如图 1-6 所示。它的作用与 GeoMesa 类似，也是一个基于分布式系统的、用于管理海量空间数据的组件。不过与 GeoMesa 不同的是，它管理空间数据的空间填充曲线有所不同，而且在管理的数据类型上，不仅有空间矢量数据，还有栅格数据。在软件的部署和使用方式上，它不仅支持 Linux，也支持 Windows，产品形态更为完善。

图 1-6 GeoWave 的标识

GeoTrellis 是一个基于分布式系统的、用于对栅格数据进行分析的工具包，它的标识如图 1-7 所示。其中用于分布式计算的组件主要是 Apache Spark，这是一种基于弹性分布式数据集（Resilient Distributed Dataset，RDD）进行分布式计算的组件。通过使用 RDD 的数据抽象模型，用户可以非常方便地使用多个服务器节点来完成一些复杂的计算操作。对于栅格数据分析这种强数值计算场景，GeoTrellis 可以并行地使用更多资源来对栅格数据进行计算和分析，可极大地提升整体的分析效率。

图 1-7　GeoTrellis 的标识

除此以外，GeoTrellis 也可以创建可扩展的地理信息处理 Web 服务，提升系统的易用性。而且它也对空间矢量数据实现了支持，并对 GeoTools 的一些空间数据定义方式进行了优化，简化了编码逻辑。

1.5　本章小结

本章介绍了 GeoTools 的架构、特性、生态和历史发展。GeoTools 作为一个持续迭代了二十多年的开源地理信息类库，已经构建了开源地理信息系统生态。基于 GeoTools 开发的常用开源地理信息软件有桌面端应用 uDig、地图服务器应用 GeoServer 和大数据组件 GeoMesa。学习 GeoTools，可为后续学习其他开源地理信息软件打下基础。

第2章

GeoTools 快速入门

本章将帮助读者获取 GeoTools 的源代码并进行编译。下载源代码并进行编译有助于读者对 GeoTools 建立整体性的理解，帮助读者厘清 GeoTools 的模块划分。同时因为 GeoTools 是一个开源类库，读者在实际使用中遇到的一些问题可以通过直接阅读 GeoTools 源代码来进行解决。

2.1 Java 概述

GeoTools 是一个使用 Java 程序设计语言开发的地理信息类库，因此在介绍 GeoTools 之前，本节将简单介绍 Java 程序设计语言。使用 Java 程序设计语言并不困难，根据一些网站的统计，Java 程序设计语言是当前使用人数最多的计算机程序设计语言之一。为了更好地学习 GeoTools，本书建议读者首先具有一定的 Java 程序设计语言使用基础。

Java 的规则和语法是以 C 和 C++语言为基础的。用 Java 开发软件的一个主要优势是其具有可移植性。如果你在笔记本电脑上编写了 Java 程序的代码，就很容易将代码移植到移动设备上。当詹姆斯·高斯林在 20 世纪 90 年代初发明这种语言时，其主要目标是能够实现"一次编写，随地运行"（Write once，Run everywhere）。

除了单纯的程序设计语言，Java 生态还包含一套软件平台。要使用 Java 创建一个应用程序，你需要下载 Java 开发工具包（Java Development Kit，JDK），它可被用于 Windows、macOS 和 Linux。用户用 Java 程序设计语言编写程序，然后由编译器将程序转化为 Java 字节码，也就是 Java 虚拟机（Java Virtual Machine，JVM）的指令集。Java 虚拟机是 Java 运行环境（Java Runtime Environment，JRE）的一部分。Java 字节码在任何支持 Java 虚拟机的系统上运行，都无须修改，因此你的 Java 代码可以在"任何地方"运行。

2.1.1 Java 语言特性

Java 语言具有以下特性。

（1）Java 语言是简单的。

Java 语言的语法与 C 语言、C++语言的很接近，这使得大多数程序员能很容易学习和使用它。另一方面，Java 丢弃了 C++中很少使用的、很难理解的、令人迷惑的那些特性，如操作符重载、多继承、自动的强制类型转换等。Java 语言不使用指针，而是使用引用。而且 Java 提供了自动的垃圾回收机制，使得程序员不必为内存管理而担忧。

（2）Java 语言是面向对象的。

Java 语言提供类、接口和继承等原语，简单起见，Java 只支持类之间的单继承，但支持接口之间的多继承，并支持类与接口之间的实现机制（关键字为 implements）。Java 语言全面支持动态绑定，而 C++语言只支持对虚函数使用动态绑定。总之，Java 语言是一种纯粹的面向对象的程序设计语言。

（3）Java 语言是分布式的。

Java 语言支持互联网应用的开发，在基本的 Java 应用程序接口中有一个网络应用程序设计包（java.net），它提供了用于网络应用程序设计的类，包括统一资源定位符（Uniform Resource Locator，URL）、URLConnection、套接字（Socket）、ServerSocket 等。Java 的远程方法调用（Remote Method Invocation，RMI）机制是开发分布式应用的重要手段。

（4）Java 语言是健壮的。

Java 的强类型机制、异常处理机制、垃圾回收机制等是 Java 程序健壮性的重要保证。对指针的丢弃是 Java 的明智选择。Java 的安全检查机制使得 Java 更具健壮性。

（5）Java 语言是安全的。

Java 通常被用在网络环境中，为此，Java 提供了一套安全机制以防恶意代码的攻击。除了 Java 语言具有的许多安全特性以外，Java 对通过网络下载的类具有一套安全防范机制（类 ClassLoader），如为该类分配不同的命名空间以防其替代本地的同名类、对该类字节代码进行检查，并提供安全管理机制（类 SecurityManager）为 Java 应用设置安全哨兵。

（6）Java 语言是体系结构中立的。

Java 程序（.java 文件）在 Java 平台上被编译为体系结构中立的字节码格式（.class 文件），然后就可以在实现这个 Java 平台的任何系统中运行，这适合于异构的网络环境和软件的分发。

（7）Java 语言是可移植的。

这种可移植性来源于体系结构中立性，另外，Java 还严格规定了各个基本数据类型的长度。Java 系统本身也具有很强的可移植性，Java 编译器是用 Java 实现的，但是 JRE 是用 ANSI C 实现的。

（8）Java 语言是解释型的。

如前所述，Java 程序在 Java 平台上被编译为字节码格式，这种格式的文件可以在实现这个 Java 平台的任何系统中运行。在运行时，Java 平台中的 Java 解释器对这些文件中的字节码进行解释执行，执行过程中需要的类在连接阶段被载入运行环境。

（9）Java 是高性能的。

与那些解释型的高级脚本语言相比，Java 的确是高性能的。事实上，Java 的运行速度随着即时（Just-In-Time，JIT）编译器技术的发展越来越接近于 C++的运行速度。

（10）Java 语言是多线程的。

在 Java 语言中，线程是一种特殊的对象，它必须由线程或其子（孙）类来创建。通常有两种方法来创建线程：其一，将一个实现了线程接口的对象包装成线程；其二，从 Thread 类派生出子类并重写 run 方法，该子类的对象即线程。值得注意的是，Thread 类已经实现了 Runnable 接口，因此，任何一个线程均有对应的 run 方法，而 run 方法中包含线程所要运行的代码。线程的活动由一组方法来控制。Java 语言支持多个线程的同时执行，并提供多线程之间的同步机制（关键字为 synchronized）。

（11）Java 语言是动态的。

Java 语言的设计目标之一是适应动态变化的环境。Java 程序需要的类可以动态地被载入运行环境，也可以通过网络来载入所需要的类。这也有利于软件的升级。另外，Java 中的类有一个运行时的表示，能进行运行时的类型检查。

2.1.2 JDK 与 JRE

在运行 Java 程序时，通常使用 JRE 组件。JDK 的功能是将 Java 代码编译为字节码，而 JRE 则是运行字节码的组件。如果要把 Java 代码编译成 Java 字节码，就需要用到 JDK，因为 JDK 包含 JRE，二者关系如图 2-1 所示。

其中最底层的是不同的操作系统，例如我们比较熟悉的 Windows、Linux、macOS 等。基于 Java，用户可以实现在不同的操作系统中使用同一份代码。上层的 JRE 中包含 JVM 以及一些运行时库（runtime library）。JRE 是 JDK 的子集，JDK 中还有一些其他的组成元素，例如编译器（compiler）、调试器（debugger）等，这些共同构成了 Java 的完整生态。

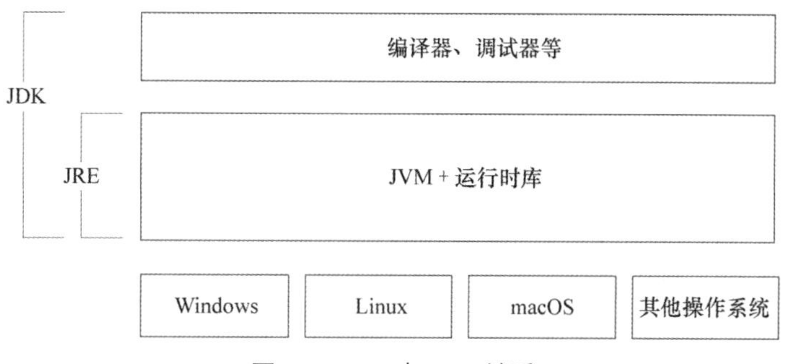

图 2-1 JDK 与 JRE 关系

2.2 GeoTools 的构建

软件的使用离不开构建过程，我们需要将已有的软件源代码编译成更为底层的代码，才能够保证物理机或者虚拟机能够正常地运行。本节将从以下 3 个方面来介绍与 GeoTools 的构建相关的内容。

- 安装构建工具。
- 使用 Maven 构建 GeoTools。
- Java 8 和 Java 11。

2.2.1 安装构建工具

1. Java 的安装

GeoTools 是用 Java 程序设计语言编写的，在开发 GeoTools 时，需将编译选项更改如下。

- 集成开发环境（Integrated Development Environment，IDE）：生成符合 Java 8 的代码。
- Maven：source=1.8。

15.x 及更高版本的 GeoTools 需要使用 JDK 1.8 进行编译。如果你的项目使用的是旧版本的 Java，请使用对应版本的 GeoTools，GeoTools 版本和 Java 版本的对应关系如表 2-1 所示。

表 2-1 GeoTools 版本与 Java 版本的对应关系

起始版本	终止版本	编译设置	兼容 Java 版本	测试验证
GeoTools 21.x	最新版本	compiler=1.8	Java 8, Java 11	OpenJDK
GeoTools 15.x	GeoTools 20.x	compiler=1.8	Java 8	OpenJDK、Oracle JRE

续表

起始版本	终止版本	编译设置	兼容 Java 版本	测试验证
GeoTools 11.x	GeoTools 14.x	compiler=1.7	Java 7	OpenJDK、Oracle JRE
GeoTools 8.x	GeoTools 10.x	compiler=1.6	Java 6	Oracle JRE
GeoTools 2.5.x	GeoTools 8.x	compiler=1.5	Java 5	Sun JRE
GeoTools 2.x	GeoTools 2.4.x	compiler=1.4	Java 1.4	Sun JRE

使用 Java 8 构建的 GeoTools 21.x 可以在 Java 11 环境中使用，构建出来的每个 Java 归档（Java Archive，JAR）包都包含一个用于 Java 11 模块路径的自动模块名称。

GeoTools 从 21.x 后提供了对 Java 11 的支持，但请注意，使用 Java 11 构建的 GeoTools 仅能应用于 Java 11 环境中，这是由 Java 8 和 Java 11 编译后的类文件不兼容造成的。

2．Maven 的安装

GeoTools 使用 Maven 作为自己的构建系统，因此需要先安装 Maven。

（1）从 Maven 的官方主页来下载 Maven。

（2）解压缩到本地目录。

（3）新增 Maven 环境变量，并添加到 PATH 环境变量中，如代码清单 2-1 所示。

代码清单 2-1　Maven 环境变量配置

```
M2_HOME = C:\java\apache-maven-3.8.3
PATH = %PATH%;%M2_HOME%\bin
```

（4）以 Windows 系统为例，打开命令提示符窗口，输入并执行 mvn –v 后显示当前安装的 Maven 版本信息，如代码清单 2-2 所示，即表示成功安装了 Maven。

代码清单 2-2　Maven 安装验证

```
C:\xxx\>mvn -v
Apache Maven 3.6.3 (cecedd343002696d0abb50b32b541b8a6ba2883f)
Maven home: D:\xxx\apache-maven-3.6.3\bin\..
Java version: 1.8.0_261, vendor: Oracle Corporation, runtime: C:\Program
Files\Java\jdk1.8.0_261\jre
Default locale: zh_CN, platform encoding: GBK
OS name: "windows 10", version: "10.0", arch: "amd64", family: "windows"
```

2.2.2 使用 Maven 构建 GeoTools

GeoTools 使用 GitHub 网站作为自己的仓库，用户可直接从 GitHub 网站上下载最新的

GeoTools 源代码，下载后的源代码目录说明如表 2-2 所示。

表 2-2 GeoTools 源代码目录说明

目录	说明
build/	用于存放有助于构建过程的 Java 项目
docs/	用于存放文档和 HTML 页面
modules/library/	用于存放 GeoTools 的核心库
modules/extensions/	用于存放建立在核心库基础上的扩展库
modules/ogc/	用于存放符合 OGC 规范的数据结构和实现
modules/plugins/	用于存放与核心库配合的插件
modules/unsupported/	用于存放社区插件
spike/	作为临时空间

GeoTools 源代码的编码为 UTF-8。GeoTools 使用 Git[1]来进行版本控制，Git 的具体使用超出了本书的范畴，读者可以自行学习相关内容。

Maven 是一个 Java 项目管理工具和构建工具。它可以将 Ant 等开源实用程序整合到一个易于使用的构建工具链中。

Maven 的最核心部分是使用“项目对象模型”文件（即项目文件 pom.xml）。Java 项目中的所有模块信息都存于项目文件中。项目文件会告诉你模块的名称、谁维护它、谁开发它以及它依赖什么。项目文件中最重要的部分是依赖项，因为 Maven 使用它来确定构建模块的顺序以及在需要时下载哪些依赖包。

每个模块均可以有自己的项目文件，子模块的项目文件继承父模块的项目文件，每个模块的项目文件均位于该模块的根目录下。最上级模块，也称为根模块，它的项目文件定义了开源许可证和通用配置。并且根模块中的项目文件有一个依赖管理部分，专门列出了 GeoTools 所有依赖的版本号，以保证 GeoTools 所有子模块使用同样版本的依赖。

GeoTools 模块与模块之间有互相依赖的关系，因此读者在第一次构建时需要执行完整构建，以便在 Maven 的本地存储库中安装 GeoTools 每个模块的依赖包。

当读者下载了 GeoTools 源代码并解压缩到本地目录后，如 C:\java\geotools，进入此目录，需要确保本地计算机连接了互联网，因为 Maven 在构建时会从互联网上的 Maven 仓库拉取

1 Git，一个分布式的开源版本控制系统。

GeoTools 的依赖包。然后在命令提示符窗口中执行 mvn install 命令，由于是首次构建，Maven 拉取依赖包的时间可能会较长。如果构建失败，请检查 Maven 的日志输出，判断错误原因并修复错误后重新执行 mvn clean install 即可。

第一次构建时，Maven 需要下载所有依赖，可能需要 20～30 分钟或更久（依据读者具体网络情况而定）。之后再进行构建时 Maven 会检查本地依赖包是否需要更新，若不需更新则直接跳过。Maven 的依赖包检查基于 MD5 校验码，不需要很长时间。根据硬件和网络状况，随后的构建可能需要 10 分钟。下载完所有依赖包后，读者可以离线构建并避免检查 MD5 校验码，从而使构建速度加快 5～7 分钟。最后，读者可以关闭测试用例（mvn clean install -DskipTests -o）并离线构建以在 2 分钟内完成构建。

如果读者在构建 GeoTools 时耗时过长，还可以通过以下方法进行加速。

（1）尽量不使用 mvn clean 命令。

（2）使用 Maven 多线程构建。

（3）修改后仅重建单个模块而不是全部重新构建。

（4）更新 Maven 的配置文件 settings.xml，添加国内云厂商的 Maven 镜像仓库地址，如阿里云 Maven 仓库、华为云 Maven 仓库等地址。

（5）尽量使用离线构建（仅当所有 GeoTools 依赖包都下载到本地存储库时）。

2.2.3 Java 8 与 Java 11

Java 17 已在 2021 年 9 月正式发布，该版本将作为长期支持（Long Term Support，LTS）版本。然而目前在 Java 开发生态中占据主流位置的仍是 Java 8。GeoTools 目前支持 Java 8 和 Java 11 两个版本，但是在笔者的实际使用过程中，生产环境多为 Java 8，GeoTools 的官方更新说明和测试用例也均为 Java 8。因此，基于对稳定性的考量，建议读者在实际生产环境中继续使用 Java 8 的 GeoTools，Java 11 的 GeoTools 可作为读者自己学习使用，不建议在实际生产环境中使用。

2.3 GeoTools 的使用方式

GeoTools 作为一个 Java 类库，它提供了不同抽象层级的使用方式。在添加了 GeoTools 的依赖包后，用户可直接使用 GeoTools 的工具类对空间数据进行处理，也可以通过 GeoTools 工厂类解析空间数据格式，更可以通过 Java 命名和目录接口（Java Naming and Directory Interface，JNDI）将 GeoTools 集成进用户已有的工程中。用户可根据应用场景，选择合适的使用方式。

2.3.1 引用 GeoTools 依赖包

由于 GeoTools 本身是用 Java 编写的，其本身可以被封装成一个 JAR 包，这是 Java 对自身代码编译并封装以后所得的文件。我们如果想要使用 GeoTools 的功能，那就需要将它的 JAR 包引入自己的项目里面来。目前主要有两种方式，一种是使用项目管理工具引用，例如使用 Maven 引用，另一种是直接引用 JAR 包。

1. 使用 Maven 引用

GeoTools 是使用 Maven 构建的,Maven 非常擅长整理大量 Java 依赖包的层级依赖关系，因此使用 Maven 是引用 GeoTools 依赖的推荐方式。

2. 直接引用 JAR 包

直接引用 JAR 包是将所有 GeoTools 的依赖包存储到本地开发环境中，是一种传统的 Java 依赖包组织方式。需要注意的是，由于 Java 依赖包之间经常会发生依赖冲突，因此需将 GeoTools 二进制分发版中的所有内容和上级依赖包存储到本地 IDE 中。

2.3.2 使用 GeoTools 的接口

作为一个开源库，读者可以自由调用所需的 GeoTools 中的各种类。然而，GeoTools 提供了一种更为干净的方法。随着 GeoTools 的迭代，GeoTools 从自身的内部实现中干净地分离出几组应用程序接口（Application Program Interface，API），并对外暴露。这些接口被称为 GeoAPI。使用这些合理封装的接口可以保证在 GeoTools 发生升级期间对本地代码改动最少。

如果读者使用这些接口编写代码，GeoAPI 会在 GeoTools 升级过程中保证接口不发生变化。如果这些接口发生变化（仅当底层标准实现发生变化时），这些接口将在下个发布周期内被标记为弃用，以此来警示用户，让用户进行平滑升级。

在当前的 GeoTools 版本中，这些稳定的接口主要包含在 3 个模块中，分别如下。

（1）gt-opengis 模块，该模块用于提供各类 OGC 和 ISO 的规范接口。

（2）JTS 模块，该模块用于提供各类平面几何对象的 Java 实现。

（3）gt-main 模块，该模块用于提供 GeoTools 自身的能力。

这些接口提供了基础和常用的空间数据结构和空间分析能力，通过面向接口程序设计，GeoTools 可在不关心具体实现的情况下使用相关能力。

2.3.3 使用 GeoTools 工具类

除了接口，GeoTools 还提供了许多工具类，这些工具类大体可分为 3 类。

（1）常见操作工具类，通过对一些通用方法进行封装，减少编码负担的实用工具类，比如 CQL、DataUtilities 和 JTS 类。其中每一个工具类都提供了多个公共方法来帮助读者充分利用 GeoTools 提供的服务。

（2）运行时工具类，即在 GeoTools 运行时将接口和实现黏合在一起，显著的一个例子是 FactoryFinders 类，该工具类允许你在类路径（CLASSPATH）上查找各种可用的、满足 GeoTools 插件规范的实现。

（3）GeoTools 扩展工具类，即在自身之上提供额外的服务，并需要额外的公共类来实现这一点，一个常见例子是位于 gt-brewer 包下的 ColorBrewer 类。

用户可以直接使用上述工具类，其中有一部分是动态类，用户需要构造相关的对象才能调用相关的方法；另一部分是静态方法，用户只需要直接通过类名就可以使用对应的方法，更加方便。

2.3.4 使用工厂模式

接口只定义了数据结构应该是什么样子，但是没有提供创建对象的方法。在 Java 中，解决该问题的方法是提供一个“工厂”，工厂提供了“创建”对象的方法，用户可以使用工厂来代替新建对象操作，这种设计模式被称为工厂模式。GeoTools 提供了一系列工厂类，允许用户创建和使用各种工厂对象，例如几何要素、样式、属性过滤器、空间过滤器、空间坐标系和空间数据源。GeoTools 提供了一个 FactoryFinder 工厂类，用于定位类路径上可用的工厂实现。通过使用 FactoryFinder 工厂类，用户的代码可以构建为仅使用接口运行，实现完全的定义与实现相分离。

虽然用户可以直接找到并使用各种工厂中的每一个实现类，但这会在用户的代码和实际实现之间引入依赖性。这种依赖于特定实现的做法会使用户的代码难以更改，并阻止在将来利用更好的实现来替代该实现的可能。上文也许有些抽象，下面具体举例来讲解，首先我们通过以下代码直接创建一个 Shapefile 文件数据源，如代码清单 2-3 所示。

代码清单 2-3 直接创建 Shapefile 文件数据源

```
ShapefileDataStoreFactory factory = new ShapefileDataStoreFactory();
ShapeFileDataStore = factory.createDataStore(file);
```

但是从 2.2 版本后，GeoTools 提供了一种更加灵活的方式来创建 Shapefile 文件数据源。使用 DataStoreFinder 工厂类根据传入的不同参数类型，自动查找匹配的数据源类型对应的实现，并进行创建工作，如代码清单 2-4 所示。

代码清单 2-4 使用工厂模式创建 Shapefile 文件数据源

```
File file = new File("example.shp");
Map map = Collections.singletonMap("url", file.toURL());
DataStore dataStore = DataStoreFinder.getDataStore(map);
```

2.4 本章小结

本章首先简单介绍了 GeoTools 所使用的 Java 开发语言。然后介绍了如何用源代码构建 GeoTools，帮助读者建立对 GeoTools 源代码的整体认知。最后，介绍了使用 GeoTools 进行开发的一般使用方式，分别是通过引用依赖包、使用接口、使用工具类和使用工厂模式进行开发。当然，本章对开发的相关介绍仍然是总体性和概括性的，详细的开发使用说明见后续章节。

第3章 Java 拓扑库

GeoTools 使用 JTS 作为平面几何对象模型的实现。JTS 是一个使用原生的 Java 程序设计语言编写的几何对象模型类库，JTS 不仅使用 Java 语言实现了符合 OGC 规范的几何对象模型，而且实现了计算几何的常用算法和空间索引。本章将会结合 OGC 规范来介绍 JTS 中的几何对象模型、空间关系运算和空间索引等。通过本章的学习，读者将建立一套完整的对矢量数据的认识，为后续的与 GeoTools 矢量数据模型相关的学习打下基础。

3.1 几何对象模型概述

JTS 主要是用来描述和处理几何对象模型的。要想了解其处理方法，首先需要认识什么是空间实体、如何描述空间实体以及 OpenGIS 几何对象模型，本节会从以下 3 个方面对几何对象模型进行介绍。

- 空间实体概述。
- 如何描述空间实体。
- OpenGIS 几何对象模型。

3.1.1 空间实体概述

在物理世界中，所有物体都会有自己特定的空间位置，我们为了便于理解，往往会将这些带有空间信息的实体称为空间实体。在 GB/T 37118—2018《地理实体空间数据规范》中对其做出了一个比较明确的定义：现实世界中具有空间位置、共同属性的独立自然或人工地物。

那么空间实体有什么样的内涵呢？主要可以归结为三大要素：空间位置、属性以及时间。空间位置的作用是唯一化地标识当前空间实体的位置，这是空间实体中最基础、最核心的信息之一。属性则标明了一些附加信息，这些信息往往是一些人为定义的通用数据。时间则表示空间实体出现的时间或者存续的时间，当然很多空间实体的存续时间非常长，相比之下没有那么重要，因此时间经常被省略掉。

那么空间实体到底是什么样子的呢？我们可以举一个简单的例子，如图 3-1 所示。

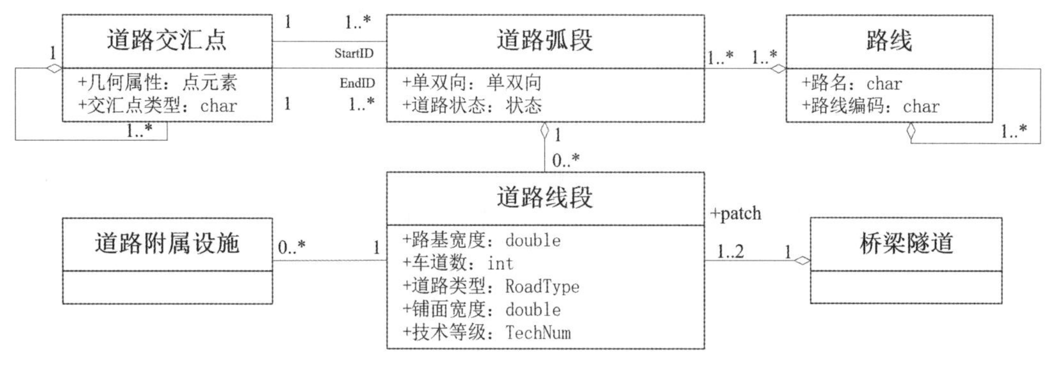

图 3-1 空间实体示例

在城市中，会有很多道路，这些道路本身都是带有空间信息的，因此它们都是空间实体。不过每条道路在建设过程中，还附加了很多属性，例如路基宽度、车道数、道路类型、技术等级等，这些信息与空间信息无关，它们都是空间实体的属性信息。而这些道路又可以分成不同的路段，不同的路段之间可能有不同的道路交汇点，它们都带有空间信息和属性信息。当然在城市中，不会仅存在道路，还有可能存在很多车辆，这些车辆的轨迹本身也是有空间属性的，它们都是空间实体。除此以外，这些轨迹都具有时间属性，还有可能具有一些人为定义的属性信息，因此它是一个三大要素齐备的典型的空间实体。

3.1.2 如何描述空间实体

描述空间实体的方法有很多种，不过它们的最终目的都是实现能够精准而全面地描述出空间实体的各种特性，这就要求它们在描述空间实体时做到以下几点。

（1）不同的空间实体要有不同的描述结果，但描述结果要保证唯一性，例如唯一的编码。通过描述结果的唯一性才能够保证不同空间实体的唯一性。

（2）空间实体一般要使用坐标的形式来描述，这样可以保证不同的空间实体能够在相同的坐标系下进行处理和计算。

（3）空间实体要包含其空间类型，例如点、多段线、多边形等，这样才能够让用户在接触到这些空间实体的对象时能够对应到它们的空间类型。

（4）在一些场景下，属性信息也是必要的，这样可以描述一些与空间实体本身相关，但是又与空间位置无关的信息。

上述几点是我们对空间实体进行描述时需要考虑的，而开源地理信息系统（如 OpenGIS）已经对这些要求进行了具体的实现，接下来我们将对 OpenGIS 几何对象模型进行介绍。

3.1.3 OpenGIS 几何对象模型

在 OGC 规范中，几何对象模型又称简单特征几何（Simple Feature Geometry），几何对象模型是独立于计算平台之外的、天然适用于分布式计算的、使用统一建模语言（Unified Modeling Language，UML）表示的一种对象模型。几何对象模型的类图如图 3-2 所示。Geometry 是所有几何对象模型类的基类。每个几何对象模型都有一个坐标参考系统属性，该属性用于描述几何对象模型的坐标所在的坐标系。基于 Geometry 基类，几何对象模型首先实现了点、线、面和对应的集合形式的多点、多线、多面，然后将 Curve 和 Surface 作为超类引入，用于描述曲线和曲面。每个几何对象模型类的属性、方法和断言会在后文详细介绍。

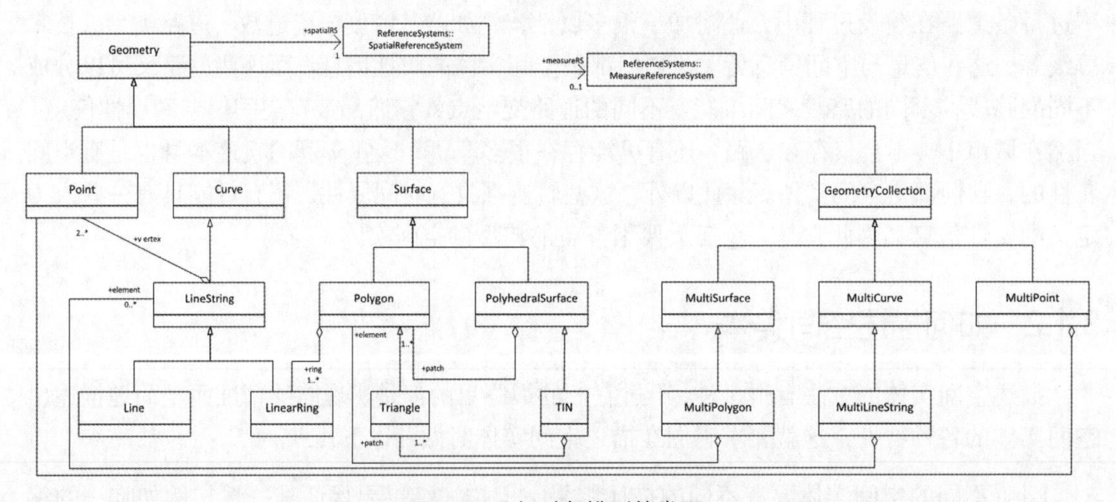

图 3-2 几何对象模型的类图

3.2 几何对象模型分类

在几何对象模型中，数据是通过一系列特征点来描述的。有一些是多个几何对象组成的集合，还有一些是通过函数来进行精确描述的复杂几何对象，因此几何对象模型大致可以分为 3 类：简单数据模型、集合数据模型、曲线和曲面数据模型。本节会对这 3 类几何对象模型进行介绍。

首先，我们需要对几何对象模型有一个基础的概念。

3.2.1 几何对象

几何对象（Geometry）是几何对象模型中的根节点，它是一个无法被实例化的抽象类，其类图如图 3-3 所示。几何对象的子类是一系列存储零维、一维、二维和三维坐标的类。具体来说，一个二维几何对象就是具有 x、y 两个坐标的几何要素，而一个三维几何对象就是具有 x、y、z 或者 x、y、m 这 3 个坐标的几何要素，以此类推，一个四维几何对象就是具有 x、y、z、m 坐标的几何对象。对于每个几何对象而言，它的所有的坐标必须都处于同一个坐标参考系下。对于几何点来说，z 和 m 坐标是可选而不是必选的。

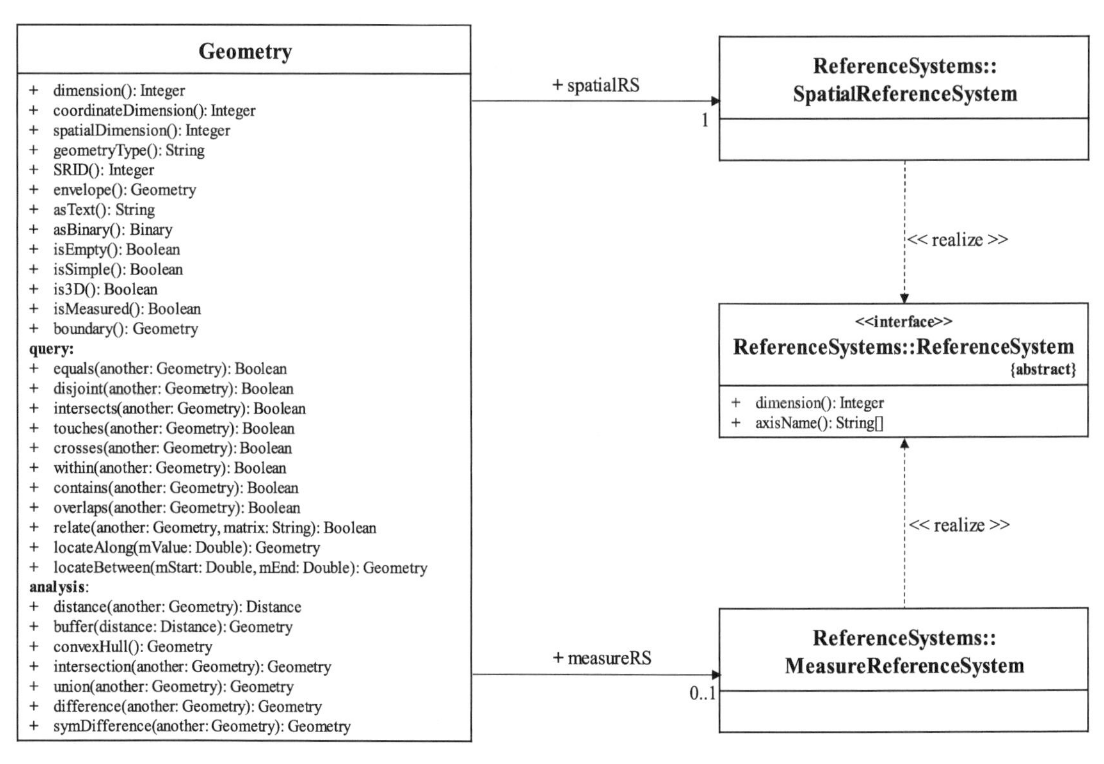

图 3-3 几何对象类图

几何对象的方法如表 3-1 所示。

表3-1 几何对象的方法

方法名称	返回值类型	说明
dimension	Integer	返回几何对象的维度
geometryType	String	返回几何对象的类型
SRID	Integer	返回几何对象的坐标系编号
envelope	Geometry	返回几何对象的最小外接矩形
asText	String	返回几何对象的著名文本（Well-Known Text，WKT）表示
asBinary	Binary	返回几何对象的著名二进制（Well-Known Binary，WKB）表示
isEmpty	Boolean	返回true代表几何对象为空，false代表不为空
isSimple	Boolean	返回true代表几何对象没有自相交、相切的部分，false代表有自相交、相切部分
is3D	Boolean	返回true代表几何对象具有z轴坐标，false代表没有z轴
isMeasured	Boolean	返回true代表几何对象具有m轴坐标，false代表没有m轴
boundary	Geometry	返回几何对象的最小外接多边形

3.2.2 简单数据模型

简单数据模型往往是通过特征点来进行描述的，它们由于本身信息比较少，而且对空间数据的形态精度要求不是很高，因此在业务中被广泛使用。在这些简单数据模型中，比较常用的是点数据模型、多段线数据模型、多边形数据模型以及多面体表面对象等。

1. 点数据模型

最基本的点数据模型是点对象（Point），它仅表示一个空间位置的零维几何对象。点对象默认具有x轴坐标、y轴坐标和空间坐标系等属性。点对象的z轴坐标和m轴坐标是可选的。一个点对象的外接矩形是一个空集。点对象的方法如表3-2所示。

表3-2 点对象的方法

方法名称	返回值类型	说明
x	Double	返回点的x轴坐标
y	Double	返回点的y轴坐标
z	Double	返回点的z轴坐标
m	Double	返回点的m轴坐标

更为复杂的是多点对象（MultiPoint），它是一组点对象组成的几何集合，是几何对象集合的子类。多点对象的集合内仅允许包含点要素，多点对象的集合内的各个点要素是无序的。

2. 多段线数据模型

如果一个曲线对象的所有点都是线性内插的，则该对象被称为多段线对象。多段线的每一段都被称为线段（LineString），其形态示意如图 3-4 所示。一个仅具有两个节点的多段线被称为直线（Line）。一个闭合的多段线被称为线性环（LineRing）。多段线的类图如图 3-5 所示。

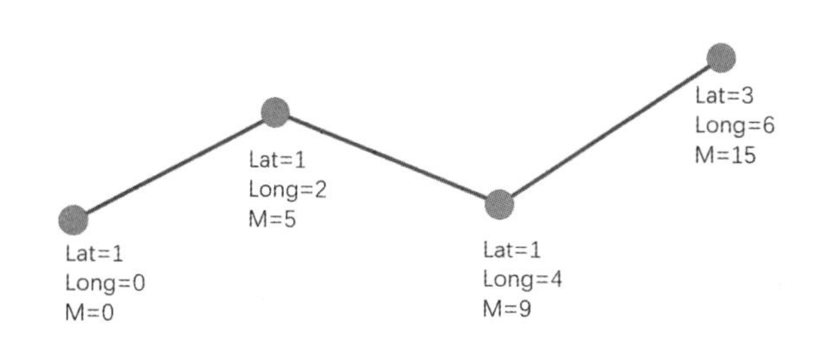

图 3-4 多段线形态示意

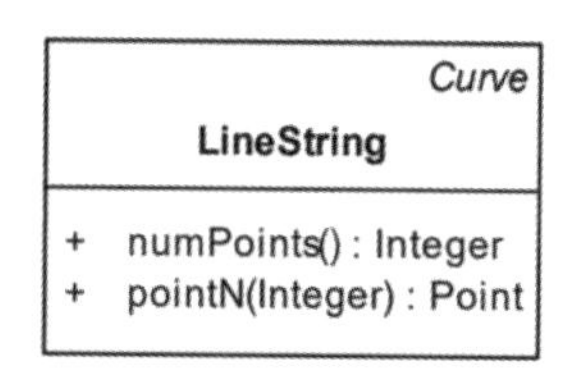

图 3-5 多段线类图

多段线对象的方法如表 3-3 所示。

表 3-3 多段线对象的方法

方法名称	返回值类型	说明
numPoints	Integer	返回多段线节点个数
pointN	Point	返回多段线上的指定节点

对于多段线数据模型，它也有比较复杂的形态，多重多段线数据模型（MultiLineString），这个数据模型是用来描述具有多个多段线的数据模型的，在行业内也得到了广泛的使用。

3. 多边形数据模型

多边形就是具有一个外部边界、零个或多个内部边界的平面。一个内部边界用于定义一个多边形内的空洞。多边形的外部边界的点序是从上到下，按逆时针方向组织的，而内部边界的点序与外部边界相反。三角形是具有 3 个不同的非共线顶点且没有空洞的一种多边形。OGC 规范通过以下规则来判断一个多边形是否合法。

（1）多边形是闭合的。

（2）多边形的内部和外部边界是否由一系列的线性环构成。

（3）多边形的线性环不相交。

（4）多边形不能有断线或破裂。

（5）每个多边形的内部都是一个连通点集。

（6）具有空洞的多边形的外部边界是不相连的，一个空洞就有一个独立的不与其他部分相连的边界。

多边形如图 3-6 所示，其类图如图 3-7 所示。

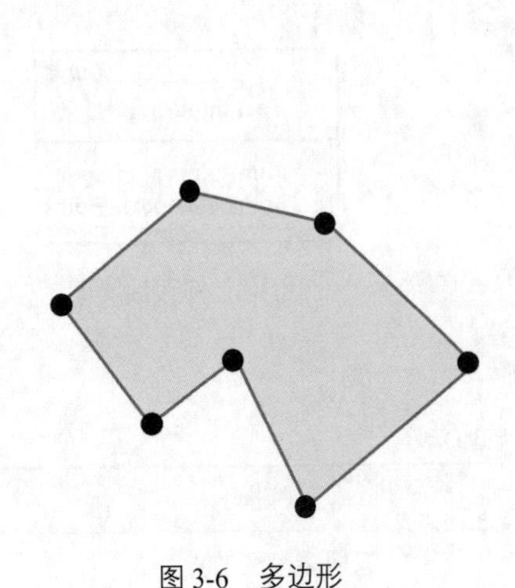

图 3-6 多边形

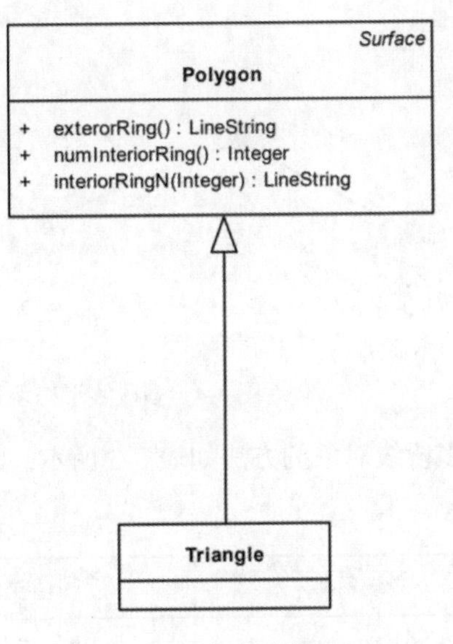

图 3-7 多边形类图

多边形对象的方法如表 3-4 所示。

表 3-4 多边形对象的方法

方法名称	返回值类型	说明
exteriorRing	LineString	返回多边形的外部边界
numInteriorRing	Integer	返回多边形空洞的个数
interiorRingN	LineString	返回指定的空洞

4．多面体表面对象

多面体表面对象是由一组相接的平面多边形构成的，每组相接的多边形的边界必须是长度有限的线段。如果一个多面体表面是由三角形组成的，则被称为不规则三角网（Triangulated

Irregular Network，TIN）。多面体表面中所有多边形的节点顺序是一致的。多面体表面对象类图如图 3-8 所示。

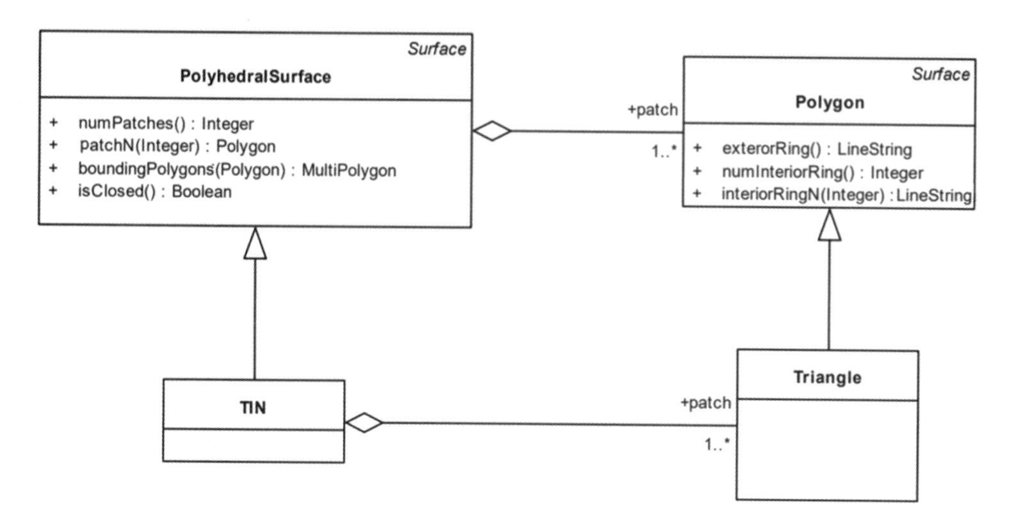

图 3-8 多面体表面对象类图

多面体表面对象的方法如表 3-5 所示。

表 3-5 多面体表面对象的方法

方法名称	返回值类型	说明
numPatches	Integer	返回多边形的个数
patchN	Polygon	返回指定的多边形
boundingPolygons	MultiPolygon	返回多边形的外接多边形
isClosed	Boolean	返回 true 表示多边形是闭合的

3.2.3 集合数据模型

由于几何对象在很多情况下都不是孤立的，往往不同的几何对象之间都是有关系的，因此这些几何对象会通过集合数据模型来统一管理。在 OGC 规范中，集合数据模型可以分为以下 4 类：几何对象集合、曲面几何对象集合、多边形几何对象集合、曲线几何对象集合。本小节会对这些数据模型进行介绍。

1．几何对象集合

一组几何对象构成的几何对象被称为几何对象集合（Geometry Collection）。在几何对象集合中，所有几何对象具有共同的空间坐标系，除此之外，几何对象集合对其内部的几何对象没有其他硬性要求。与几何对象类似，几何对象集合也是一些更复杂的几何对象的基类，其类图如图3-9所示。

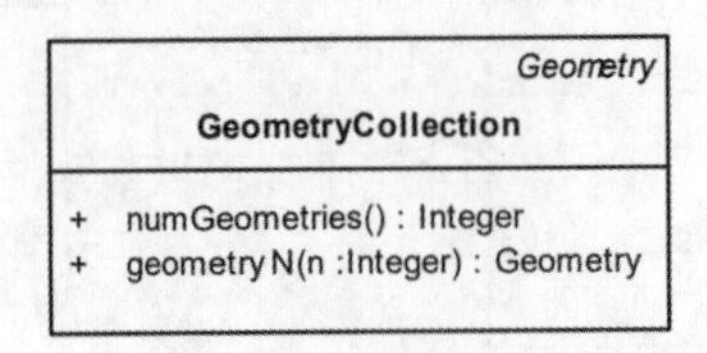

图3-9 几何对象集合类图

几何对象集合的方法如表3-6所示。

表3-6 几何对象集合的方法

方法名称	返回值类型	说明
numGeometries	Integer	返回集合的要素的个数
geometryN	Geometry	返回集合内指定的要素

2. 曲面几何对象集合

曲面几何对象集合是由一组曲面对象组成的集合，曲面几何对象集合内的所有曲面对象都具有相同的空间坐标系。在OGC规范中，曲面几何对象集合也是一个不可实例化的抽象类，用于定义一系列的方法。曲面几何对象集合的子类为多边形几何对象集合。曲面几何对象集合类图如图3-10所示。

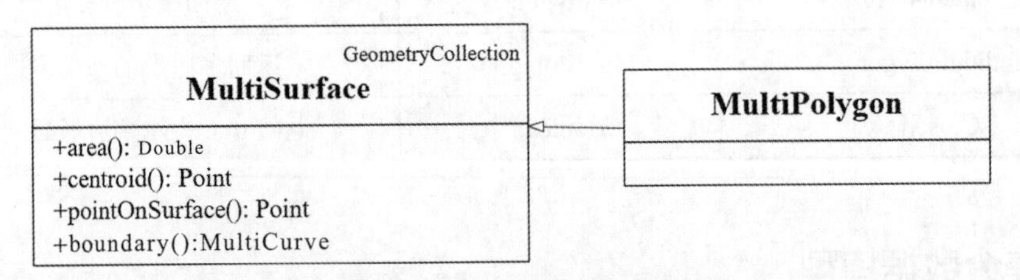

图3-10 曲面几何对象集合类图

曲面几何对象集合的方法如表3-7所示。

表3-7 曲面几何对象集合的方法

方法名称	返回值类型	说明
area	Double	返回曲面几何对象集合的面积，量纲为坐标系的量纲
centroid	Point	返回质心

续表

方法名称	返回值类型	说明
pointOnSurface	Point	返回一个位于曲面集合上的点
boundary	MultiCurve	返回集合中每个对象的外轮廓线

3. 多边形几何对象集合

多边形几何对象集合就是元素均为多边形对象的曲面几何对象集合。在 OGC 规范中，对多边形几何对象集合的额外定义如下。

（1）多边形几何对象集合中的多边形对象不能相交。

（2）多边形几何对象集合中的多边形对象的边界不能交叉或邻接。

（3）多边形几何对象集合是拓扑闭合的。

（4）多边形集合不能有断线或破裂，必须是一套闭合的点集。

（5）多边形集合最少包含一个多边形。

4. 曲线几何对象集合

曲线几何集合（MultiCurve）对象是一组曲线对象组成的集合。在 OGC 标准中，曲线几何对象集合是一个不可实例化的类，仅用于定义其子类需要实现的方法和参数。曲线几何对象集合类图如图 3-11 所示。

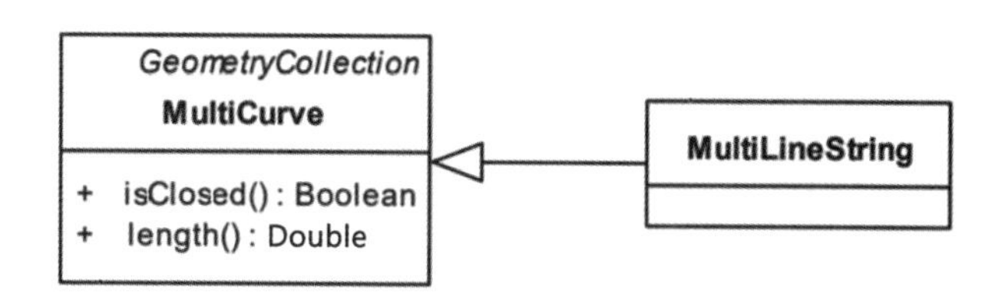

图 3-11 曲线几何对象集合类图

曲线几何对象集合的方法如表 3-8 所示。

表 3-8 曲线几何对象集合的方法

方法名称	返回值类型	说明
isClosed	Boolean	返回 1（true）代表曲线几何对象集合的所有要素都是闭合曲线
length	Double	返回集合中所有曲线的长度总和

多段线几何对象集合就是全部由多段线要素组成的曲线几何对象集合，其方法与曲线几何对象集合的方法相同。

3.2.4 曲线和曲面数据模型

曲线和曲面数据模型跟前面几种不太一样，它们往往会更加复杂。从数据的维度上来划分，主要可以分为曲线数据模型和曲面数据模型，本小节将会对这两种数据模型进行介绍。

1. 曲线数据模型

曲线对象（Curve）是一个一维的点的序列。曲线对象可根据不同的内插方式划分为不同的子类。目前 OGC 规范仅定义了一种子类的实现，即多段线（LineString），其使用线性内插算法进行点的内插。如果一个曲线对象的点序列中没有重复的部分，则这个曲线对象是简单曲线对象。如果曲线对象的起点、终点重叠，则这个曲线对象被称为闭合曲线对象。一个简单且闭合的曲线对象可被称为一个环（Ring）。曲线对象类图如图 3-12 所示。

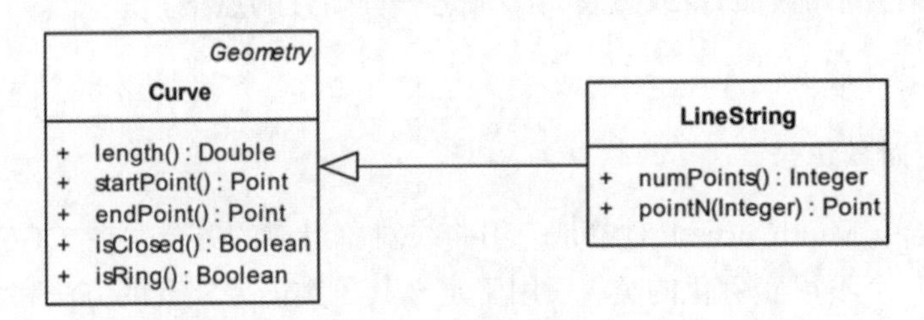

图 3-12 曲线对象类图

曲线对象的方法如表 3-9 所示。

表 3-9 曲线对象的方法

方法名称	返回值类型	说明
length	Double	返回曲线对象的长度，量纲为曲线对象的坐标系的量纲
startPoint	Point	返回曲线对象的起点
endPoint	Point	返回曲线对象的终点
isClosed	Boolean	返回 1（true）代表曲线对象是闭合的
isRing	Boolean	返回 1（true）代表曲线对象是一个环

2. 曲面数据模型

曲面对象（Surface）由“面片”组成，面片包含一个外部边界、零个或多个内部边界。曲面对象由 OGC 规范定义的子类有两个，分别是多边形对象（Polygon）和多面体表面对象

（PolyhedralSurface）。多边形对象就是一个平面的多边形，而多面体表面对象则有一系列的面块或面片。曲面对象的类图如图 3-13 所示。

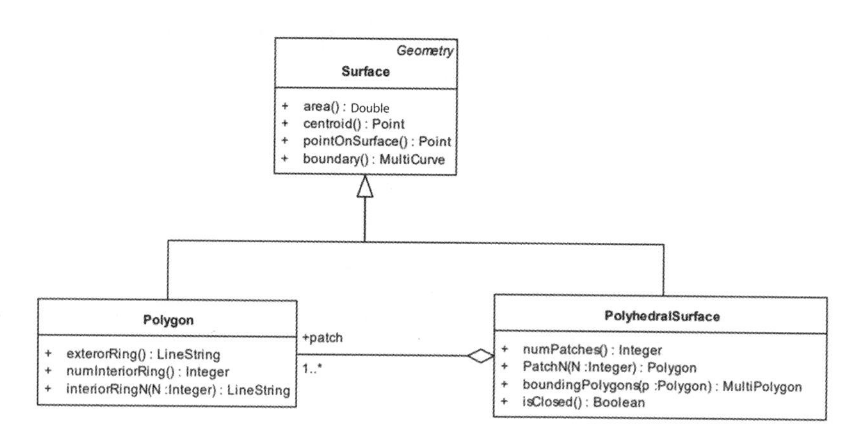

图 3-13 曲面对象类图

曲面对象的方法如表 3-10 所示。

表 3-10 曲面对象的方法

方法名称	返回值类型	说明
area	Double	返回曲面对象的面积，量纲为曲面对象的坐标系的量纲
centroid	Point	返回曲面的质心
pointOnSurface	Point	返回一个确定在此曲面上的点
boundary	MultiCurve	返回集合中每个对象的外轮廓线

3.3 空间关系运算

前面讲述的是针对单一空间实体的描述方法，但是在更加复杂的场景下，我们还需要对不同空间实体之间的空间关系进行描述。在地理信息系统当中，这个描述的过程就是空间关系运算，而且它也对点、线、面的空间关系进行了推导，并形成了九交模型这一描述体系。本节将会从九交模型概述以及 GeoTools 对空间关系计算的支持这两个方面进行介绍。

3.3.1 九交模型概述

空间关系运算是用于测试在地图上表示两个几何对象的空间关系的拓扑结构是否存在

的布尔方法。两个几何对象的空间关系一直是学术界广泛研究的主题。比较两个几何对象的基本方法是将这两个几何对象投影到表示地球表面的二维水平坐标系上，然后对两者的内部、边界和外部之间的交点进行成对测试投影，并根据几何体的内部、边界和外部中的条目对两个几何对象的空间关系进行分类，生成 3×3 的交集矩阵，通常被称为九交模型。内部、边界和外部的概念被很好地定义为点几何，并抽象为一般拓扑结构。

已知两个几何对象 A 和 B，I_A、I_B 表示两个对象的内部，B_A、B_B 表示两个对象的边界，E_A、E_B 表示两个对象的外部，则表示这两个几何对象的空间关系的九交模型如表 3-11 所示。

表 3-11 九交模型

A	B		
	内部	边界	外部
内部	$\dim(I_A \cap I_B)$	$\dim(I_A \cap B_B)$	$\dim(I_A \cap E_B)$
边界	$\dim(B_A \cap I_B)$	$\dim(B_A \cap B_B)$	$\dim(B_A \cap E_B)$
外部	$\dim(E_A \cap I_B)$	$\dim(E_A \cap B_B)$	$\dim(E_A \cap E_B)$

上述表格中的九交模型可以转换成下面的九交模型矩阵，如图 3-14 所示。

$$DE9IM(A,B)=\begin{bmatrix}\dim(I_A \cap I_B) & \dim(I_A \cap B_B) & \dim(I_A \cap E_B)\\ \dim(B_A \cap I_B) & \dim(B_A \cap B_B) & \dim(B_A \cap E_B)\\ \dim(E_A \cap I_B) & \dim(E_A \cap B_B) & \dim(E_A \cap E_B)\end{bmatrix}$$

图 3-14 九交模型矩阵

值得注意的是，无论使用经典几何表示法进行计算，还是使用结构良好且定义恰当的等价拓扑结构中的代数技术来计算，空间关系运算都将给出相同的结果。

在之前的介绍中，我们已经介绍了点、线、面等几何要素，它们构成几何要素的维度信息。通过维度，可以进行一些判断。比如，高维度的要素（比如线），是不可能被包含在低维度的要素（比如点）中的。再比如，两个要素的交集的维度不会超过两者维度中最小者。在OGC 规范中，多边形和多边形集合的维度是 2，多段线和多段线集合的维度为 1，点和点集合的维度为 0，空集（无交集）维度为 F，因此，九交模型矩阵的定义域为$\{F,0,1,2\}$，那么一共有 49 种可能的空间关系。简单地考虑到外部与外部的交集的维度一定是 2，那么可能的空间关系仍有 89 种。考虑到很多种空间关系是矛盾的，可即便是将它们排除，剩下的空间关系也仍然很多。这与我们希望直观、简单地表达空间关系的目标相距甚远。实际上，常见的空间关系描述有 8 种。为了方便描述这些关系，可以对矩阵的定义域做如下补充。

（1）维度为 0、1、2 的非空集合，用 T 表示。

（2）空集维度仍然用 F 表示。

（3）“*”表示任意值。

故此，常用的空间关系的九交模型描述如下。

（1）相交（Intersect）是指两对象的内部或边界存在交集，对应的 4 种九交模型矩阵如图 3-15 所示。

$$\begin{bmatrix} T & * & * \\ * & * & * \\ * & * & * \end{bmatrix} \begin{bmatrix} * & T & * \\ * & * & * \\ * & * & * \end{bmatrix} \begin{bmatrix} * & * & * \\ T & * & * \\ * & * & * \end{bmatrix} \begin{bmatrix} * & * & * \\ * & T & * \\ * & * & * \end{bmatrix}$$

图 3-15 相交矩阵

（2）相离（Disjoint）是指两对象不相交，即在对象的内部、外部和边界均没有交集，对应的九交模型矩阵，即相离矩阵如图 3-16 所示。

（3）内部（Within）是指 A 包含 B，即几何对象 B 在几何对象 A 的内部，对应的九交模型矩阵如图 3-17 所示。

（4）包含（Contain）与内部互为转置关系，对应的九交模型矩阵如图 3-18 所示。

（5）相等（Equal）是指 A 和 B 的形状完全相同（但是，不是说它们所有的坐标都是完全一样的。A 或者 B 都可能有冗余的坐标，比如多点共线）。相等矩阵的交集矩阵是内部相交矩阵，但任意一方的内部与边界均不与对方的外界相交，对应的九交模型矩阵如图 3-19 所示。

$$\begin{bmatrix} F & F & * \\ F & F & * \\ * & * & * \end{bmatrix}$$

图 3-16 相离矩阵

$$\begin{bmatrix} T & * & F \\ * & * & F \\ * & * & * \end{bmatrix}$$

图 3-17 内部矩阵

$$\begin{bmatrix} T & * & * \\ * & * & * \\ F & F & * \end{bmatrix}$$

图 3-18 包含矩阵

$$\begin{bmatrix} T & * & F \\ * & * & F \\ F & F & * \end{bmatrix}$$

图 3-19 相等矩阵

（6）重叠（Overlap）对 A 与 B 的维度有要求，要求 A 与 B 的维度相同，并且要求 A 与 B 的内部的交集的维度与 AB 的维度相同。因为多边形（面）之间的交集，点之间的交集均与他们的维度相同，线之间的交集可能会是点、线两种情况，所以特别将线与面、点之间的矩阵进行了区分，要求线的内部交集为线，面和点重叠的九交模型矩阵如图 3-20 所示，线与线重叠的九交模型矩阵如图 3-21 所示。

（7）邻接（Touch）是两个几何要素之间的临界关系。邻接要求两个元素的内部不能有交集，但是内部与边界、边界与边界可以有交集。邻接的两个几何对象不能同时为点对象，对应的九交模型矩阵如图 3-22 所示。

$$\begin{bmatrix} T & * & T \\ * & * & * \\ T & * & * \end{bmatrix}$$

图 3-20 面点重叠矩阵

$$\begin{bmatrix} 1 & * & T \\ * & * & * \\ T & * & * \end{bmatrix}$$

图 3-21 线线重叠矩阵

$$\begin{bmatrix} F & T & * \\ * & * & * \\ * & * & * \end{bmatrix} \begin{bmatrix} F & * & * \\ T & * & * \\ * & * & * \end{bmatrix} \begin{bmatrix} F & * & * \\ * & T & * \\ * & * & * \end{bmatrix}$$

图 3-22 邻接矩阵

（8）交叉（Cross）是指 *A* 与 *B* 的内部有交集，但交集的维度要比 *A* 与 *B* 最大的维度要小。按照这个标准，点点与面面不可能存在交叉关系，因为其内部的交集的维度与其维度是相同的。同样，对于线线的交集要区别对待，指定其内部的交集的维度为 0，非线线交叉的九交模型矩阵如图 3-23 所示，线线交叉的九交模型矩阵如图 3-24 所示。

$$\begin{bmatrix} T & * & T \\ * & * & * \\ * & * & * \end{bmatrix}$$

图 3-23 非线线交叉矩阵

$$\begin{bmatrix} 0 & * & * \\ * & * & * \\ * & * & * \end{bmatrix}$$

图 3-24 线线交叉矩阵

从上述九交模型矩阵的表达上，我们已经能够得出很多有趣的结论了。

（1）如果九交模型矩阵是对称的，那么对应的空间关系满足交换律 *A*.Relation(*B*)=*B*.Relation(*A*)。可以交换的空间关系（对应矩阵对称）有相交、相离、相等、重叠、邻接、交叉（线线）。不可以交换的空间关系有内部、包含、交叉（非线线）。

（2）如果两个关系的九交模型矩阵互为转置，那么这两个关系可以调换位置 *A*.Relation1(*B*)=*B*.Relation2(*A*)。满足条件的关系有内部和包含。

（3）相交和相离是互斥关系，表现在关系矩阵上是二者互斥。

上述 8 种关系并不是互斥的，几何对象 *A*、*B* 可以同时满足多种空间关系。这些空间关系的关系如图 3-25 所示。

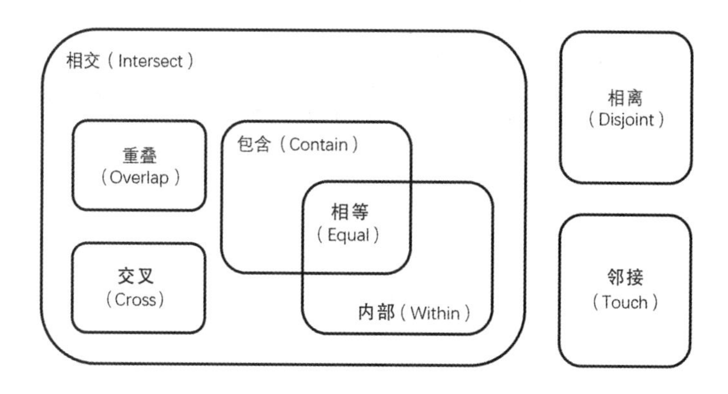

图 3-25 空间关系的关系

3.3.2 GeoTools 对空间关系运算的支持

GeoTools 作为现在广泛使用的一种开源 Java 库，其特点之一就是专业的模块化，而 GeoTools 所集成的 JTS 也继承了这一特点。JTS 将 3.3.1 小节所述的空间关系判断集成于一个基于九交模型的判断类工具中。虽然模块化让 JTS 的整体结构非常严谨并且易于理解和阅读，但是这种较高的模块化使一部分运算步骤产生冗余，这会在运算较大的几何图形时产生不必要的时间消耗。因此对空间关系运算的原理有一定的了解将对我们的开发有较大的帮助。

在进行空间关系判断时，我们一般会进行判断级别的分析，如图 3-26 所示。一些简单且清晰的判断条件可以很快得出结果。而在一些较困难、较复杂的情况下，我们才会进行全部的运算以获得精确的判断结果。

在绝大部分空间数据管理系统中，相交关系判断在数据库空间连接（Spatial Join）操作时是被调用最多的判断运算之一。而我们在进行空间数据过滤和查验时，相交关系判断也同样是被调用最多的空间关系判断运算之一。因此，我们将以常见的空间关系判断——相交关系判断为例进行讲解。

1. 基础类别判断

使用 JTS 进行空间关系判断时，可以进行几何对象之间的判断，也可以进行由多个不同的几何对象所组成的几何对象集合之间的判断。因此，JTS 在接收到传入的对象后会进行对象的类别判断。若两个待判断对象中有几何对象集合，那么 JTS 将会分别遍历几何对象集合中的几何对象，进行单个几何对象（以下简称“几何图形”）之间的空间关系运算，如图 3-27 所示。

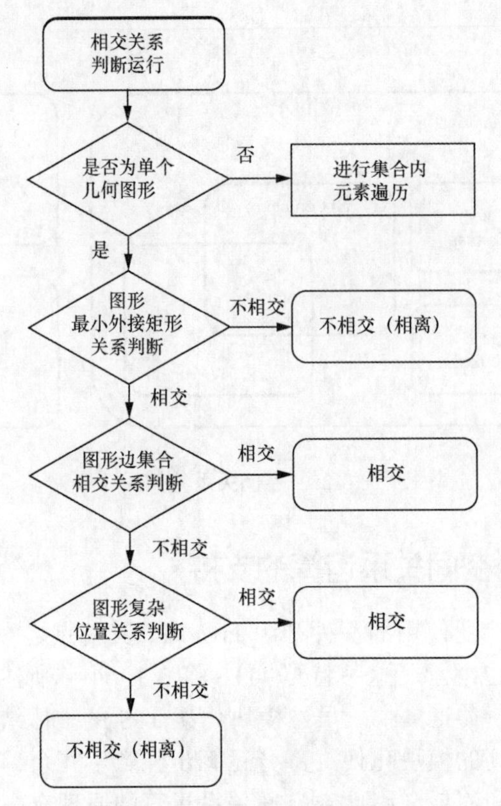

图 3-26 空间关系判断流程图

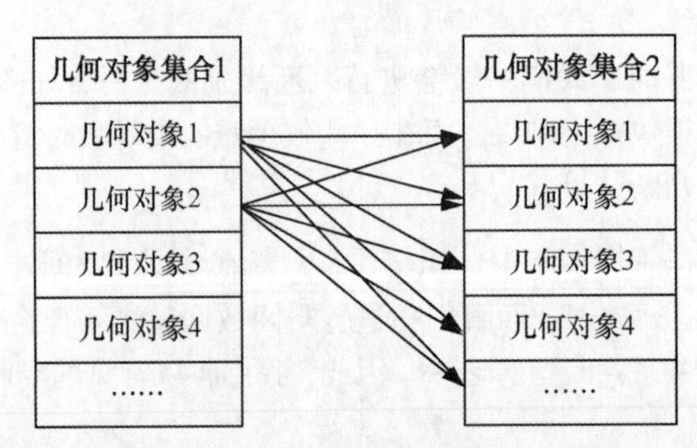

图 3-27 遍历几何对象集合中的几何对象

2. 基础空间关系判断

在判断流程的第一个级别，我们将要进行的是最基本的空间关系判断，即对两个待判断的几何图形的最小外接矩形（Envelope）进行判断，如图 3-28 所示。

若两几何图形的最小外接矩形没有重合或相交的点，那就说明两个图形没有相交的可能。因此，我们就能通过这个最基本级别的判断运算得到一些不相交的图形的空间关系结果，从而省略掉后面复杂的判断过程，以达到节省时间、节约系统资源的目的。

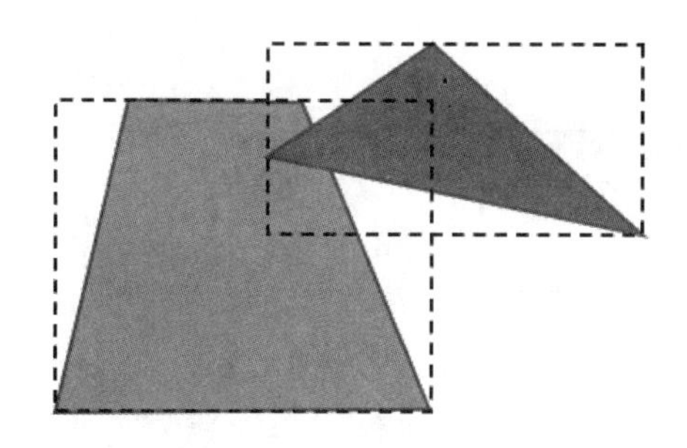

图 3-28 最小外接矩形判断

3. 边的空间关系判断

我们可以很简单地判断出：只要两个图形分别有一条边相交，那么这两个图形就一定是相交的，如图 3-29 所示。因此，我们通过边的空间关系判断就可以得知绝大部分图形是否相交。

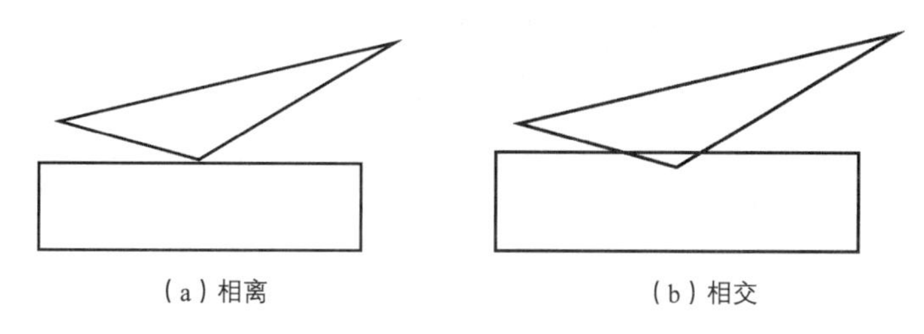

图 3-29 边的空间关系判断

在使用 JTS 进行边的空间关系判断时，待判断的两个几何图形被看作两个边集合。因此，我们需要遍历两个集合中的边并对它们进行空间关系判断。若在该过程中发现相交的边，我们就可以判定这两个几何图形相交并得出结果。这里，JTS 模块化的一个弊端将会体现得很突出。原本我们运算时发现相交的边就可以断定两个图形的相交关系，但是极强的模块化使得 JTS 必须完全计算所有的边，因此会浪费很多时间。

4. 高级空间关系判断

现在我们发现，有如图 3-30 所示的两种特殊情况，两个图形的最小外接矩形有相交，但是边并没有相交。而这两种情况并不能根据我们之前的判断级别得出结果。因此我们需要判断其中一个几何图形是否位于另一个图形之内（包含关系，这也是一种相交的情况）。

这里提供一种判断的方法。如图 3-31 所示，当我们在图形内外各选取一点，分别过选取点连接图形最小外接矩形的中心作射线。我们可以通过判断射线与图形的交点数量计算出端点相对于几何图形的位置（位于几何图形的内部或外部）。我们可以从图 3-31 中观察到，当点位于图形内部时，射线与图形的边的相交总数为奇数；而点位于图形之外时，射线与图形的边的相交总数为偶数。

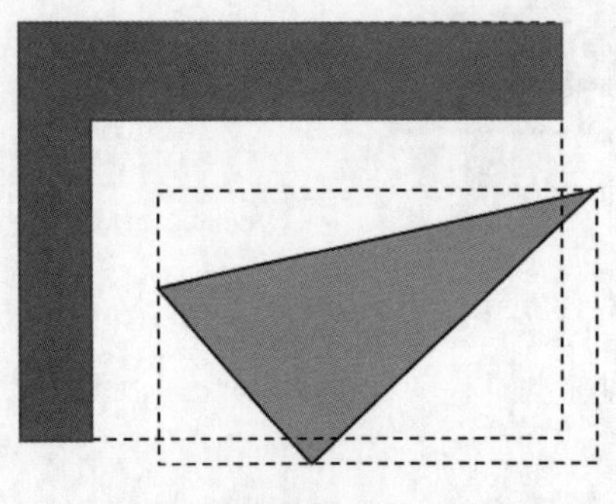

（a）最小外接矩形相交，图形相离

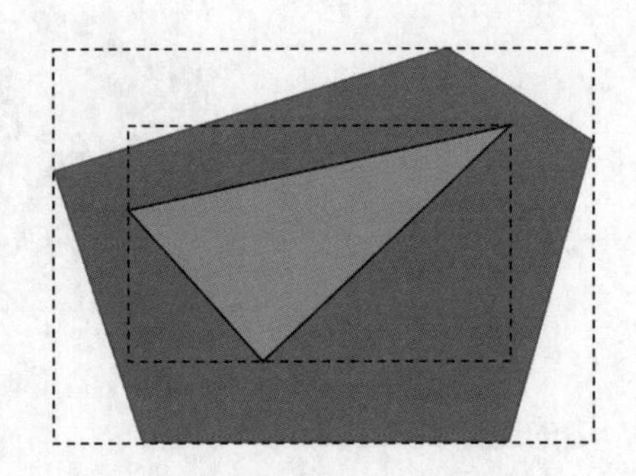

（b）最小外接矩形相交，图形相交

图 3-30 特殊情况

同时，这里我们需要注意：如图 3-32 所示，从交点延伸出去的几何图形的边若位于射线两侧，则记为一个交点，若位于射线同侧，则记为两个交点。现在我们已经能够通过这个方法获知点与几何图形的空间关系。于是我们可以用其中一个几何图形的顶点作为我们在上述方法中选取的点。结合前面介绍的不同级别的空间关系判断流程，我们已经可以确定两个几何图形的空间关系（包含或相离）。而到此我们的相交关系判断也成功得出答案。

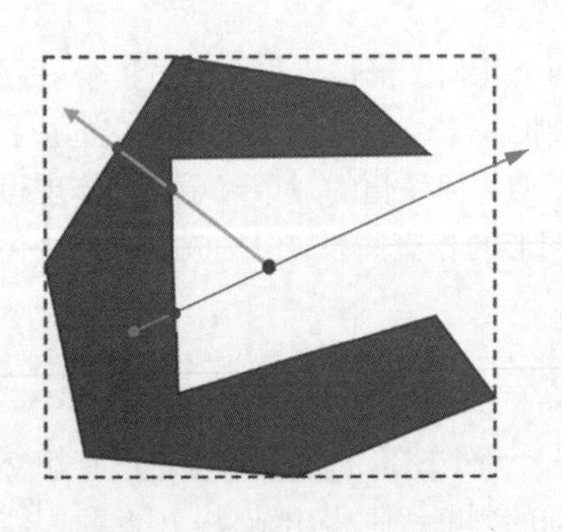

图 3-31 点与几何图形空间关系

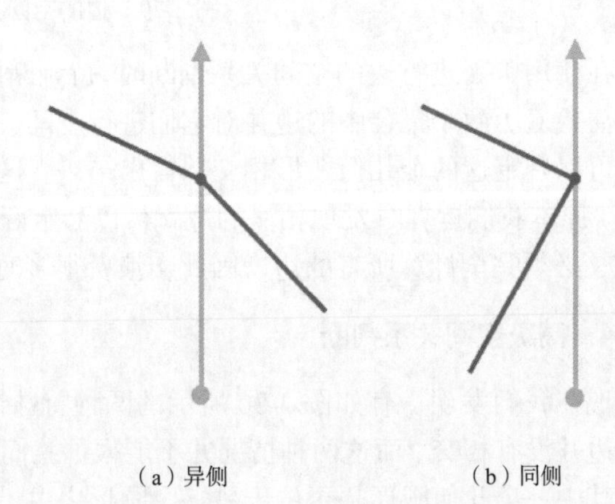

（a）异侧　　（b）同侧

图 3-32 特殊情况交点数量

我们在本节开头部分已经知晓了 JTS 的一个弊端就是冗余的计算步骤，而本节介绍的判断方法则提供了提升运算速度的思路。

3.4 空间索引

对于空间数据的管理，空间索引是一个避不开的工具。通过空间索引，我们可以非常快速地从空间数据集中选取到我们需要的空间数据。业界比较常用的空间索引有 3 种：四叉树、k 维树、R 树。本节会对这 3 种空间索引的原理进行介绍。

3.4.1 四叉树

在空间数据管理方面，四叉树是对空间数据进行管理的基础索引类型。对于有数据结构和算法基础的读者来说，应该清楚二叉树是非常便捷的管理一维数据的工具。但是对于空间数据这种二维数据，二叉树就捉襟见肘了。但是我们可以非常自然地想到，既然一维数据利用二叉树来管理，主要是将数据不断进行二分，那么是不是二维数据也可以在两个维度上同时进行二分，从而实现对空间数据的高效管理？这就是四叉树的由来。

四叉树与二叉树类似，也是一种数据结构，如图 3-33 所示。四叉树的每个节点都会有 4 个指针，它们分别对应当前节点代表的空间范围的西北、东北、西南、东南 4 个象限。每个节点又可以进一步划分成 4 个子节点，这样重重递进，直到到达设定的层级条件。四叉树上的每个节点都带有一个空间范围，所有空间信息都可以放在这些节点之上。当然除了存放空间位置信息，这些节点还可以存放属性信息和时间信息，以完善地管理空间实体三大要素。

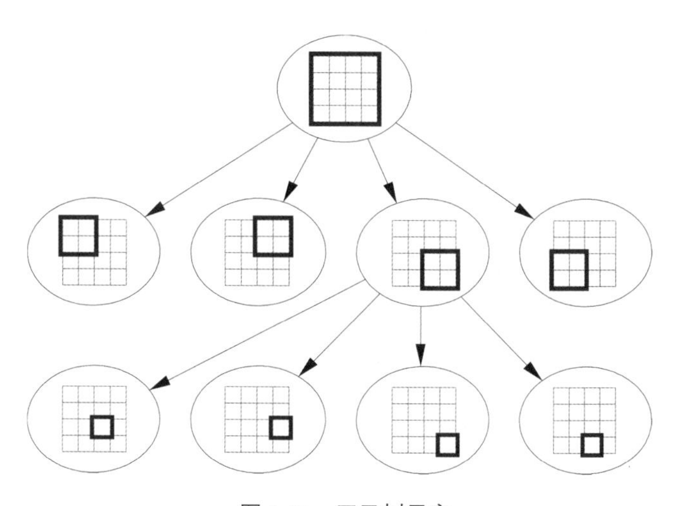

图 3-33　四叉树示意

使用四叉树来管理空间数据是有诸多好处的。第一是实现简单，不需要太多的空间方面的操作，也不需要调用外部的地理空间包，用户可以直接利用数值计算来构造不同层级的节点。第二是管理方便，由于每一个层级的节点都可以用 0 和 1 来进行编码，甚至衍生出了

GeoHash 这种空间编码格式。第三是存储完备，实现了对空间实体三大要素的存储，对很多业务场景是非常友好的。

如今，四叉树经过多年的发展，现在也产生出来很多变种，例如点四叉树（Point Quadtree）、PR 四叉树（Point Region Quadtree）、MX 四叉树（Matrix Quadtree）等。感兴趣的读者可以查阅相关的资料，对相关的内容进行更深入的了解。

3.4.2 k 维树

k 维树（K-Dimensional Tree，KD-Tree）是一种对 k 维空间的几何点对象进行存储以便对其进行快速检索的树形数据结构，主要应用于多维空间关键数据的搜索（如范围搜索和最近邻搜索）。k 维树是二维空间分割树在高维空间的扩展。

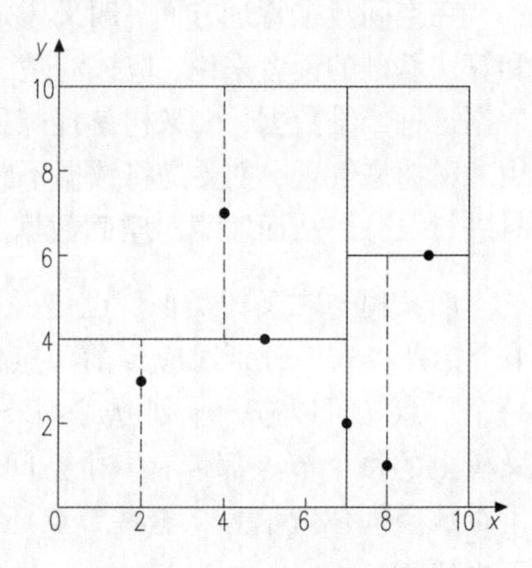

图 3-34 k 维树空间划分

k 维树是每个节点都为 k 维点的二叉树。所有非叶子节点都可以视作用一个超平面把空间分割成两个半空间，如图 3-34 所示。节点左边的子树代表在超平面左边的点，节点右边的子树代表在超平面右边的点。选择超平面的方法如下：每个节点都与 k 维中垂直于超平面的那一维有关。因此，如果选择按照 x 轴划分，所有 x 值小于指定值的节点都会出现在左子树，所有 x 值大于指定值的节点都会出现在右子树。这样，超平面可以用该 x 值来确定，其法线为 x 轴的单位向量。

k 维树是一棵二叉树，每个节点表示一个空间范围。表 3-12 说明了 k 维树节点中主要包含的类型。

表 3-12 k 维树节点中主要包含的类型

名称	类型	描述
Node-Data	数据矢量	数据集中某个数据点，是 n 维矢量（这里也就是 k 维）
Range	空间矢量	当前节点所代表的空间范围
split	整数	垂直于分割超平面的方向轴序号
Left	k 维树	由位于当前节点分割超平面左子空间内所有数据点所构成的 k 维树
Right	k 维树	由位于当前节点分割超平面右子空间内所有数据点所构成的 k 维树
parent	k 维树	父节点

3.4.3 R 树

R 树是一种树状数据结构，在很多场景中都有使用。例如在空间数据管理方面，我们可以利用 R 树给地理位置、矩形和多边形这类多维数据建立索引。R 树是由安东尼·古特曼（Antonin Guttman）于 1984 年在“R-trees: a dynamic index structure for spatialsearching”中提出的，人们后来发现它在理论和应用方面都非常实用。在实际工程中，R 树通常可以用来管理地图上的空间信息，例如餐馆地址，或用于构建地理边界、建筑物、湖泊边缘和海岸线等地理空间要素。然后，它也可以用来回答“查找距离我 2km 以内的卫生间”、“检索距离我 2km 以内的所有地铁站”或者“查找（直线距离）最近的加油站”这类问题。在数据分析方面，R 树还可以加速最近邻搜索。多年来，在科研人员的不断努力下，R 树衍生出了许多变种，比较典型的有 R+树、R*树、压缩 R 树等。

R 树的核心思想是聚集具有相似距离的节点，并抽取它们的最小外接矩形，并将这些最小外接矩形挂在这棵树结构之上，成为上一层的一个节点。R 树的“R”代表矩形。由于所有节点都在它们的最小外接矩形中，因此与一个矩形不相交就必然与矩形中的所有节点都不相交。节点是空间要素的聚合，越靠近根节点，所包含的空间要素就越多。每一层也可以被视作数据集的近似，叶子节点层是最细粒度的近似，与数据集相似度约为 100%，层越高，粗糙度越高。R 树的构造如图 3-35 所示。

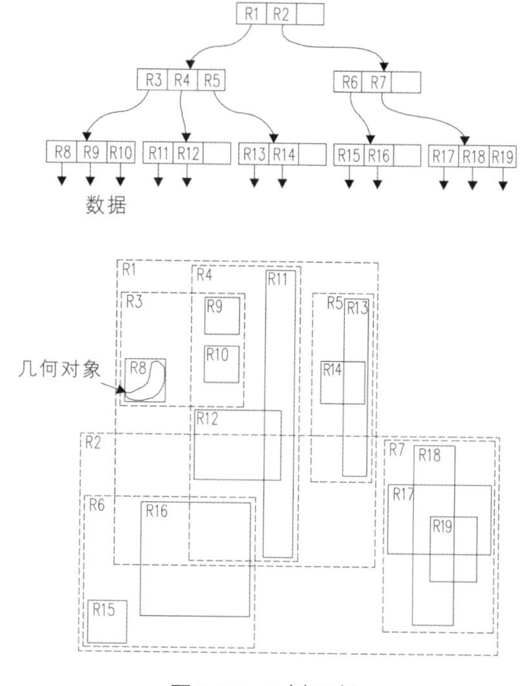

图 3-35 R 树示意

R 树也是平衡树，即在 R 树中，所有叶子节点都在同一深度。R 树会在除根节点以外的节点上保持最少的数据条目数，根据经验，最小条目数在条目上限的 30%～40%时性能最好。而在 B 树中，最小条目数最好保持在条目上限的 50%，B*树甚至保持在条目上限的 66%。因此，管理线性数据相较于管理空间数据，是容易很多的。

跟其他树结构一样，R 树的搜索算法（例如：交集、子集、最近邻搜索）也非常简单，核心思想是画出查询语句相应的边框，并用它来决定要不要搜索某棵子树。这样在搜索时可以跳过树上的大部分节点。与 B 树类似，这个特性让 R 树可以把整棵树放在磁盘里，在需要的时候再把节点读进内存页，从而使 R 树可以被应用在大数据集和数据库上。

R 树的主要挑战在于如何维持树的高效性和平衡性。我们既要让所有叶子节点在同一层，又要让树上的矩形既不包括太多空白区域也不过多相交（这样做的目的是可以在搜索的时候可以处理尽量少的子树）。数据是在不断填充的，当节点中的数据填满一个内存页后，将节点分裂为两个节点，以便覆盖尽可以小的范围。大多数关于 R 树的研究和改进都是关于如何改进树的构建过程的，它们可以大体分为两类：高效的 R 树构建、在现有树上进行插入和删除操作。

R 树不能规避最坏情况，但在实际情况中表现良好。从理论上来说，批量加载的优先级 R 树是最坏情况下的最优解，但由于其高度的复杂性，在实际应用中一直没有得到重视。

当数据被构建成 R 树时，求取最近距离的 k（$0 \leqslant k \leqslant$ 数据总量）个数据的查询会变得十分高效。这对很多基于最近邻搜索的算法（例如本地异常因子算法）都很有帮助。DeLi-Clu 算法提出的 Density-Link-Clustering 是一种使用 R 树来进行空间交集从而高效地计算 OPTICS（Ordering Points To Identify the Clustering Structure）聚类的聚类分析算法。

3.5 本章小结

本章首先介绍了 OGC 规范对各类几何对象的定义，这些定义均在 JTS 中进行了实现，并以依赖包的形式被 GeoTools 库引用。之后，本章介绍了九交模型。九交模型是用于判断几何对象的空间关系的理论基础，各类地理信息系统软件或图形化处理软件均遵循并实现该模型，理解九交模型将为读者之后的各类空间数据操作打下基础。最后，本章介绍了空间索引，并以四叉树、k 维树和 R 树为例，介绍了这 3 类比较常用的空间索引的原理。通过本章的介绍，可以让读者对 GeoTools 使用的几何对象的数据结构、空间关系和空间索引有所了解。由于本书篇幅有限，更多的关于计算几何的内容未有涉及，对这方面内容有兴趣的读者可以自行了解。

第 4 章

空间坐标系

空间数据最显著的一种特性就是具有坐标和坐标系信息，而空间数据的复杂性也来自此。空间坐标系，大体可分为两类，一种是以经纬度度量的地理坐标系，一种是以 m 或 km 为单位的平面投影坐标系（后文称投影坐标系）。地理坐标系是选取某个与地球实际比较接近的、可用数学公式表达的参考椭球体，在该椭球体上构筑的一个经纬度坐标系。投影坐标系是根据地理坐标系的参考椭球体，选取某种数学投影方法，将地理坐标系投影到一个平面上得到的坐标系。不同国家的空间数据通常使用不同的地理坐标系，不同城市或地区也通常选择不同的投影坐标系。了解这些坐标系的知识，熟悉 GeoTools 如何定义坐标系和进行坐标转换，将帮助读者更好地处理空间数据。

4.1 地球椭球体

大地测量学是一门旨在确定地球的大小和形状的科学。在更实际和局部的意义上，这可以被理解为确定地球表面上或附近的点的相对位置。调查与测量技术是实现这一目标的手段。

最接近地球的最准确参考形状之一是大地水准面，如图 4-1 所示，该表面被定义为具有相等的重力势能并且大致处于平均海平面。平均海平面处的重力矢量处处垂直于该表面。地形高度（H）通常相对于大地水准面表示。但是由于地球内部不规则的质量分布，大地水准面具有不规则的形状，这使得其难以被用于空间数据的计算。

为便于空间计算，大地水准面由最相近的规则体（扁椭球体）近似，其中扁率对应于地球自转导致的两极相对扁平。椭球体是大地水准面的相对准确的近似值，大地水准面在椭球体表面波动，变化量级为几十米。

椭球体是著名的坐标参考系统——地理坐标系——的基础。点相对于椭球体的位置通过地理坐标表示为大地纬度和大地经度。点在椭球体上方的高度即椭球体高度（h）是三维地理坐标元组不可分割的元素。但是需要注意的是，椭球体高度和大地水准面高度是有所不同的，其本质在于大地水准面相对于椭球体的起伏量是不同的，如图 4-1 所示。此外，大地测量学根据对地球重力场所做的假设区分了几种不同类型的重力相关高度，这些重力相关高度并没在 OGC 规范中进行定义。

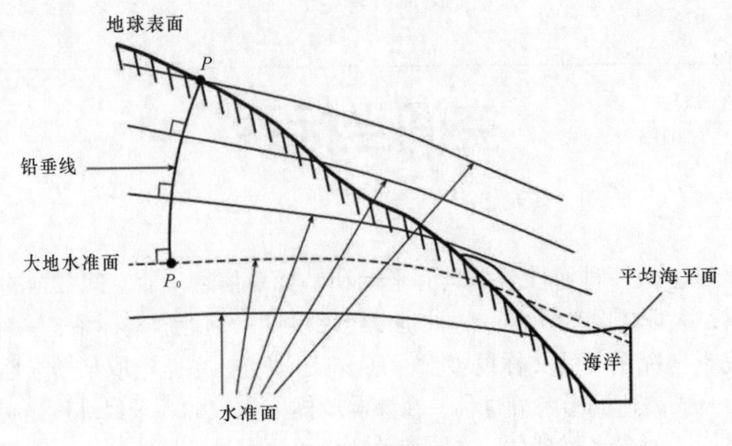

图 4-1 大地水准面

由于大地水准面不规则，传统上各国均会选择与自己国家所在区域的大地水准面最贴合的椭球体。当然，目前许多国家更多地在使用全球拟合椭球体。椭球体与地球的关联是通过定义椭球体的大小和形状以及该椭球体相对于地球的位置和方向来实现的，因此椭球体的参数又可被称为大地基准。椭球体的大小、形状、位置或方向的变化将导致点的地理坐标发生变化，并被描述为不同的大地基准。因此，地理坐标只有在与大地基准相关联时才是明确的。

4.2 地图投影

大地坐标系以经纬度为单位，是一个不可展的曲面。但是现实中往往需要在坐标系上进行距离、面积的测量，这个时候就需要将坐标系从曲面的变换为平面的，并将坐标值的单位从度转换为长度单位（例如 m）。经过变换得到的平面的、以长度为单位的坐标系就被称为投影坐标系。

投影坐标系是最后的结果，中间进行投影变化的过程和方法不同，最后得到的投影坐标系也不同。因此一个地理坐标系可以对应多个投影坐标系，但是一个投影坐标系只能对应一个地理坐标系。

4.2.1 地图投影方法

将地理坐标投影到地图上是进行空间数据管理的重要步骤，常见地图投影方法如图 4-2

所示。y 轴为投影面划分方式，x 轴为空间关系划分方式。

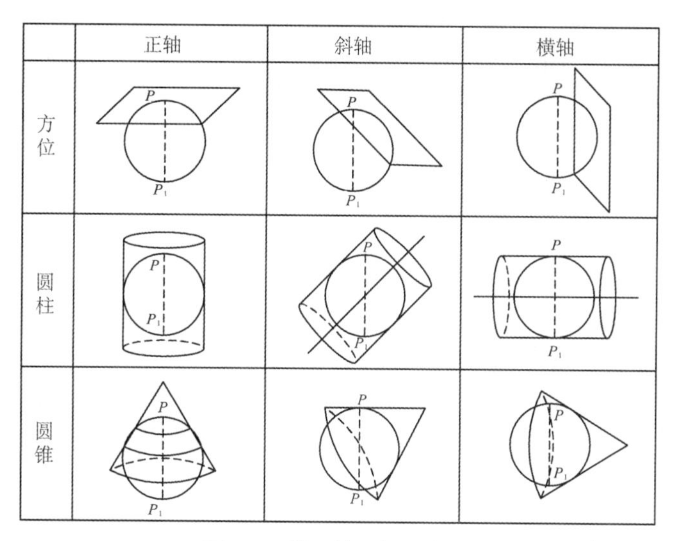

图 4-2　常见地图投影方法

地图投影方法可以有不同的划分方式。

（1）按投影面划分。

- 方位投影，投影面为平面。方位投影分为非透视方位投影和透视方位投影。前者按变形性质又分为等角、等积和任意（包括等距离）投影；后者随视点位置不同又分为正射、外心、椭球体面和球心投影。方位投影的特点是在投影平面上由投影中心向各方向的方位角与实地相等。这种投影适用于区域轮廓大致为圆形的地图。
- 圆锥投影，投影面为圆锥面。圆锥投影是将纬线转换为同心圆的圆弧，经线转换为圆的半径，两条经线的夹角与实地相应的经度差成正比的一种地图投影。设想将一个圆锥套在地球椭球体上而把地球椭球体上的经纬网投影到圆锥面上，然后沿着某一条母线（经线）将圆锥面切开而展开成平面，就得到圆锥投影。
- 圆柱投影，投影面为圆柱面。圆柱投影是用一个圆柱面包围椭球体，并使之相切或相割，再根据某种条件将椭球体面上的经纬网投影到圆柱面上，然后，沿圆柱面的一条母线切开，将其展成平面而得到的投影。其中正轴圆柱投影的圆柱轴同地轴重合；横轴圆柱投影的圆柱轴同赤道重合，斜轴圆柱投影的圆柱轴同地轴和赤道直径以外的任一直径重合。

（2）按投影面与地球空间关系划分。

- 正轴投影，投影面中心轴与地轴相互重合。正轴投影是平面投影面与地球地轴垂直或圆锥面、圆柱面投影面的中心轴与地球地轴重合的一类地图投影。投影面为平面时，该面与地球地轴垂直，平面的法线与地轴平行，将其称为正轴方位投影；投影面为圆柱面或圆锥面时，其中心轴与地轴重合，将其称为正轴圆柱投影或正轴圆锥投影。

- 斜轴投影，投影面中心轴与地轴斜向相交。斜轴投影是投影时投影面中心轴与地轴斜向相交的一类投影。投影面为平面时，该面的法线与地球地轴斜向相交；投影面为圆柱面或圆锥面时，其中心轴与地球地轴斜向相交。
- 横轴投影，投影面中心轴与地轴相互垂直。横轴投影又称“赤道投影”。投影面中心轴与地球地轴相垂直的一类投影。
- 相切投影，投影面与椭球体相切。相切投影以平面、圆柱面或圆锥面作为投影面，使投影面与椭球体面相切，将椭球体面上的经纬网投影到平面上、圆柱面上或圆锥面上，若投影面非平面，则应将该投影面展开为平面。
- 相割投影，投影面与椭球体相割。相割投影以平面、圆柱面或圆锥面作为投影面，使投影面与椭球体面相割，将椭球体面上的经纬网投影到平面上、圆柱面上或圆锥面上，若投影面非平面，则应将该投影面展为平面。

（3）按变形性质划分。

- 等角投影，角度变形为零。
- 等积投影，面积变形为零。
- 任意投影，长度、角度和面积都存在变形。

各种变形相互联系又相互影响，其中等积投影与等角投影互斥，投影方法仅能保证等角度或等面积，在使用中应根据具体业务需求而定。

4.2.2 常用地图投影

在地理信息系统中，地图投影的种类非常多，接下来我们将介绍两种比较有代表性的地图投影：墨卡托投影、高斯-克吕格投影。

1. 墨卡托投影

墨卡托投影，是正轴等角圆柱投影，又称等角圆柱投影，是圆柱投影的一种，由荷兰地图学家墨卡托（G. Mercator）于1569年创制，为地图投影方法中影响最大的一种，如图4-3所示。

设想一个与地轴方向一致的圆柱面切于或割于地球，按等角条件将经纬网投影到圆柱面上，将圆柱面展开为平面后，得平面经纬网。投影后经线是一组竖直的等距离平行直线，纬线是垂直于经线的一组平行直线，各相邻纬线间隔由赤道向两极增大。一点上任何方向的长度比均相等，即没有角度变形，而面积变形显著，随远离赤道而增大。该投影具有将等角航线表示成直线的特性，故广泛用于编制航海图和航空图等。

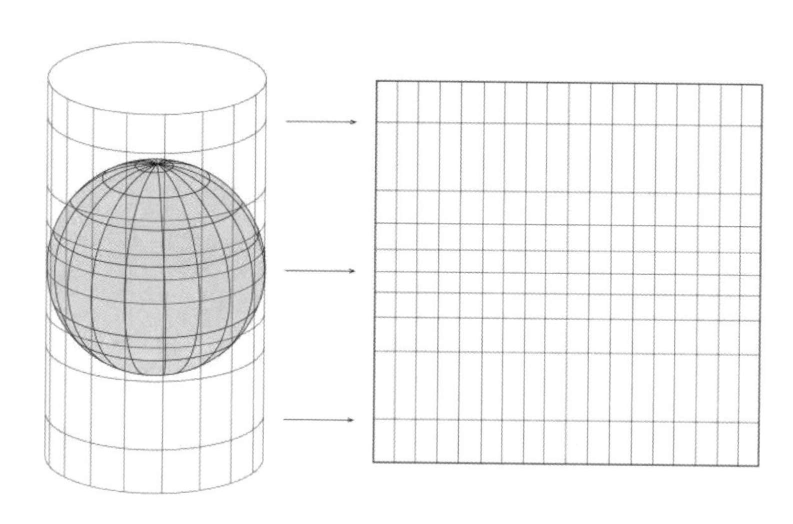

图 4-3 墨卡托投影

该方法投影之后面积变形显著，在纬度 60°地区实际长度与投影后长度的比扩大了 2 倍，面积相比于实际面积扩大了 4 倍。在纬度 80°附近，实际长度与投影后长度的比扩大了近 6 倍，面积相比于实际面积扩大了 33 倍。

百度地图、高德地图等互联网地图均采用的是墨卡托投影。

墨卡托投影有以下特点。

- 没有角度变形，由每一点向各方向的长度比相等。
- 经纬线都是平行直线，且相交成直角；经线间隔相等，纬线间隔从基准纬线处向两极逐渐增大。
- 长度和面积变形明显，但基准纬线处无变形，变形从基准纬线处向两极逐渐增大，但因为它具有各个方向均等扩大的特性，所以保持了方向和空间关系的正确。

在地图上保持方向和角度的正确是墨卡托投影的优点，采用墨卡托投影的地图常用作航海图和航空图，如果循着采用墨卡托投影的地图上两点沿直线航行，方向不变，最终可以到达目的地，因此它对船舰在航行中的定位、确定航向等都是有利的，可以给航海者带来很大方便。

2．高斯-克吕格投影

高斯-克吕格投影由德国数学家、物理学家、天文学家高斯于19世纪20年代拟定，后经德国大地测量学家克吕格于1912年对其加以补充，故称为高斯-克吕格投影，又名"等角横切椭圆柱投影"，如图4-4所示。

该方法假想有一个椭圆柱面横套在地球椭球体外面，并与某一条经线（此经线称为中央经线）相切，椭圆柱的中心轴通过椭球体中心，然后用一定的投影方法，将中央经线两侧在一定经度差范围内的地区投影到椭圆柱面上，再将此柱面展开即成为投影面。

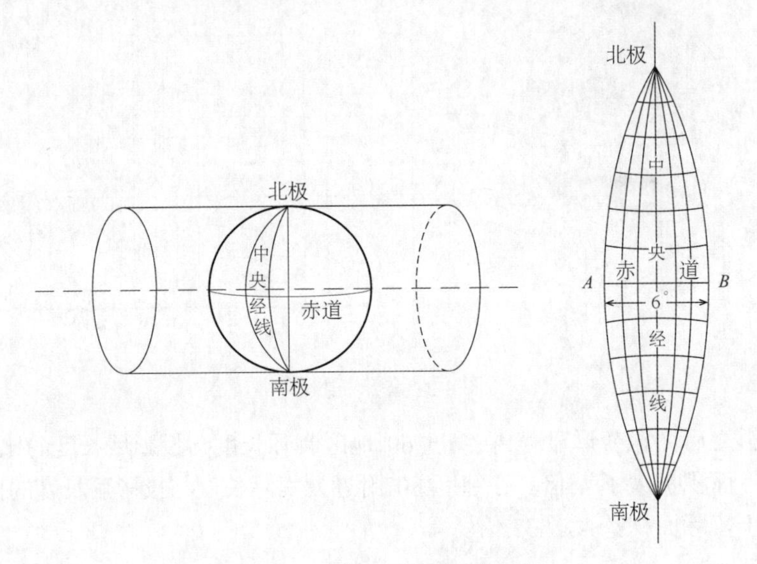

图4-4 高斯-克吕格投影方法

高斯-克吕格投影有以下特点。

- 中央经线是直线，其长度不变形；其他经线是凸向中央经线的弧线，并以中央经线为对称轴。
- 赤道是直线，但有长度变形；其他纬线为凸向赤道的弧线，并以赤道为对称轴。
- 经线和纬线投影后仍然保持正交。
- 离开中央经线越远，变形越大。

若采用分带投影的方法，地面会根据经度差划分成不同的条带，也就是高斯-克吕格投影带，可使投影边缘的变形不致过大。我国各种大、中比例尺地形图采用不同的高斯-克吕格投影带，如图4-5所示。其中大于1：10000的地形图采用三度带，1：25000至1：500000的地形图采用六度带。

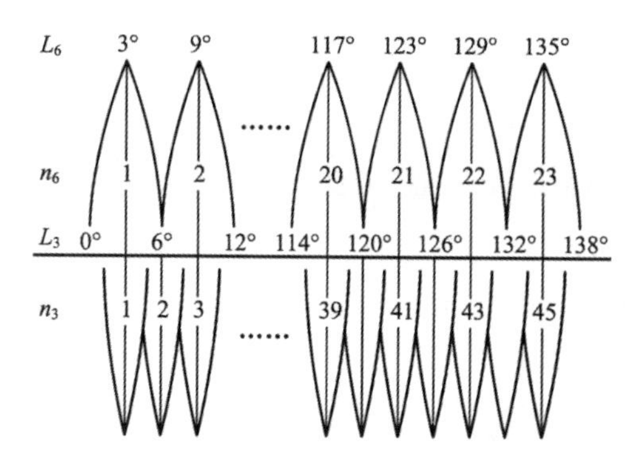

图 4-5　高斯-克吕格投影带

4.3　坐标系的 WKT

WKT 是 Well-Known Text 的缩写，是空间坐标系和空间数据的文本化的表达，目前最常用的空间坐标系，是欧洲石油调查组织提供的一个包含全球常用坐标系的文本形式的数据库，该数据库包含 6000 多种对世界各地的常用坐标系的定义和编码，是行业内公认的坐标系描述规范。一个典型的坐标系的 WKT 样例如代码清单 4-1 所示，WKT 样例包含对坐标系所在的椭球体参数、椭球体编码、平面坐标系和投影方法的描述，WKT 样例最后一个段落的 EPSG 即该坐标系的编码。

代码清单 4-1　WKT 样例

```
GEOGCS["China Geodetic Coordinate System 2000",
   DATUM["China_2000",
       SPHEROID["CGCS2000",6378137,298.257222101,
           AUTHORITY["EPSG","1024"]],
        AUTHORITY["EPSG","1043"]],
   PRIMEM["Greenwich",0,
       AUTHORITY["EPSG","8901"]],
   UNIT["degree",0.0174532925199433,
       AUTHORITY["EPSG","9122"]],
   AUTHORITY["EPSG","4490"]]
GEOGCS["China Geodetic Coordinate System 2000",
   DATUM["China_2000",
       SPHEROID["CGCS2000",6378137,298.257222101,
           AUTHORITY["EPSG","1024"]],
       AUTHORITY["EPSG","1043"]],
   PRIMEM["Greenwich",0,
```

```
            AUTHORITY["EPSG","8901"]],
        UNIT["degree",0.0174532925199433,
            AUTHORITY["EPSG","9122"]],
        AUTHORITY["EPSG","4490"]]
    GEOGCS["China Geodetic Coordinate System 2000",
        DATUM["China_2000",
            SPHEROID["CGCS2000",6378137,298.257222101,
                AUTHORITY["EPSG","1024"]],
            AUTHORITY["EPSG","1043"]],
        PRIMEM["Greenwich",0,
            AUTHORITY["EPSG","8901"]],
        UNIT["degree",0.0174532925199433,
            AUTHORITY["EPSG","9122"]],
        AUTHORITY["EPSG","4490"]]
```

4.4 GeoTools 中的坐标系

4.4.1 系统架构

OGC 定义了两份关于坐标系的规范。2001 年定义的“Open GIS® Implementation Specification: Coordinate Transformation Services Revision 1.00”，在此文档中进行了非常细致的规范定义与实现。其后，OGC 又定义了一份较新的规范“Geographic information——Spatial referencing by coordinates Second edition”，该文档是一个抽象的规范，仅提供了概念框架而对具体实现没有定义。两份规范的内容有些相似，它们对地理坐标系、坐标变换等相关的词汇进行了定义，定义了层次结构和坐标系的组成部分、坐标参考系统的类型和基准的类型等概念。这两份规范的主要区别在于，较新的规范区分了坐标参考系统（例如，地理坐标系）和数学意义上的坐标系（例如笛卡儿坐标系）。

坐标参考系统（Coordinate Reference System，CRS）包含一个坐标系，该坐标系（Coordinate System）通过一个基准与地球相关联。坐标系由一组具有指定测量单位的坐标轴组成。坐标参考系统是用于描述位置的框架，通过坐标参考系统中的坐标系信息才能正确确定一个物体的真实位置。

基准（Datum）规定了坐标系与地球的关系，从而保证抽象的数学概念“坐标系”可以用于处理通过坐标来描述地球表面或附近的物体位置等实际问题。坐标系和基准共同组成了坐标参考系统。每个基准只能与特定类型的坐标参考系统相关联。数据隐式地（有时显式地）包含代表坐标系自由度的设置参数选择的值，GeoTools 对坐标系的实现如图 4-6 所示。通俗地讲，基准就是坐标系的原点和方向等参数。

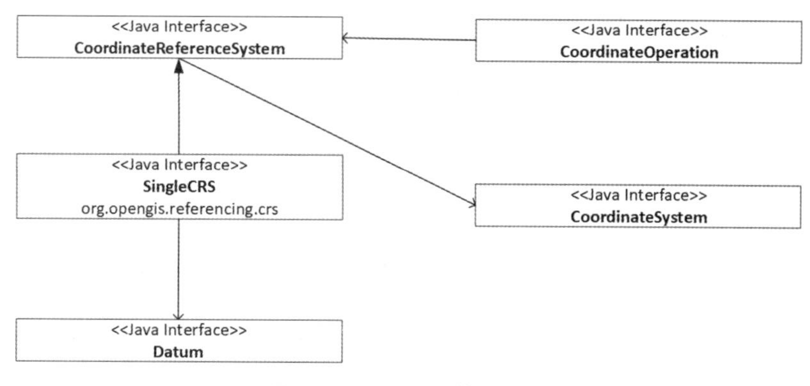

图 4-6 GeoTools 的坐标系

4.4.2 坐标参考系统基础分类

大地测量学通常将坐标参考系统分为多种类型。坐标参考系统类型的通用分类标准可以描述为它们处理地球曲率的方式，这对可以被该类型的坐标参考系统覆盖的地球表面部分有直接影响，其误差程度是可接受的。坐标参考系统可分为以下几种类型。

（1）地心坐标系是通过采用三维空间视图处理地球曲率的坐标参考系统类型，无须对地球曲率进行建模。地心坐标系的原点在地球的质量中心。

（2）地理坐标系是与大地水准面椭球体近似的坐标参考系统类型。这为大部分地球表面提供了比较精确的几何形状表示。地理坐标系可以是二维或三维的。当仅在参考椭球体表面上描述数据的位置时，使用二维地理坐标系；当在参考椭球体的上下空间描述数据的位置时，使用三维地理坐标系。

（3）平面坐标系是基于平面近似表达地球表面形状的坐标参考系统类型。由于投影变形的原因，平面坐标系必然有投影误差，但通过在不同的业务上选择不同的投影方法，可以尽量缩小误差。

（4）工程坐标系是仅在局部区域使用的坐标参考系统类型。该类型用于描述地球表面或附近的工程活动，如在移动物体（公路车辆、船只、飞机或航天器等）上的坐标或工程施工区域的坐标。地球固定工程坐标系通常基于地球表面的简单平面，忽略地球曲率对几何体的影响，在坐标计算中使用简单的线性算法，没有对地球曲率进行任何修正。这种工程坐标系应用于相对较小的区域。在移动物体上使用的工程坐标系通常是计算大地坐标所需的中间坐标系。

（5）垂直坐标系是用于记录高度或深度的坐标参考系统类型。垂直坐标系利用重力方向来定义高度或深度的概念。需要明确的是，椭球体高度无法在垂直坐标系中获取，因为椭球体高度不能独立存在，只能作为三维地理坐标系中定义的三维坐标元组的一个不可分割的部分。

（6）时间坐标系是用于记录时间维度的坐标参考系统。

各类坐标参考系统的类图如图 4-7 所示。

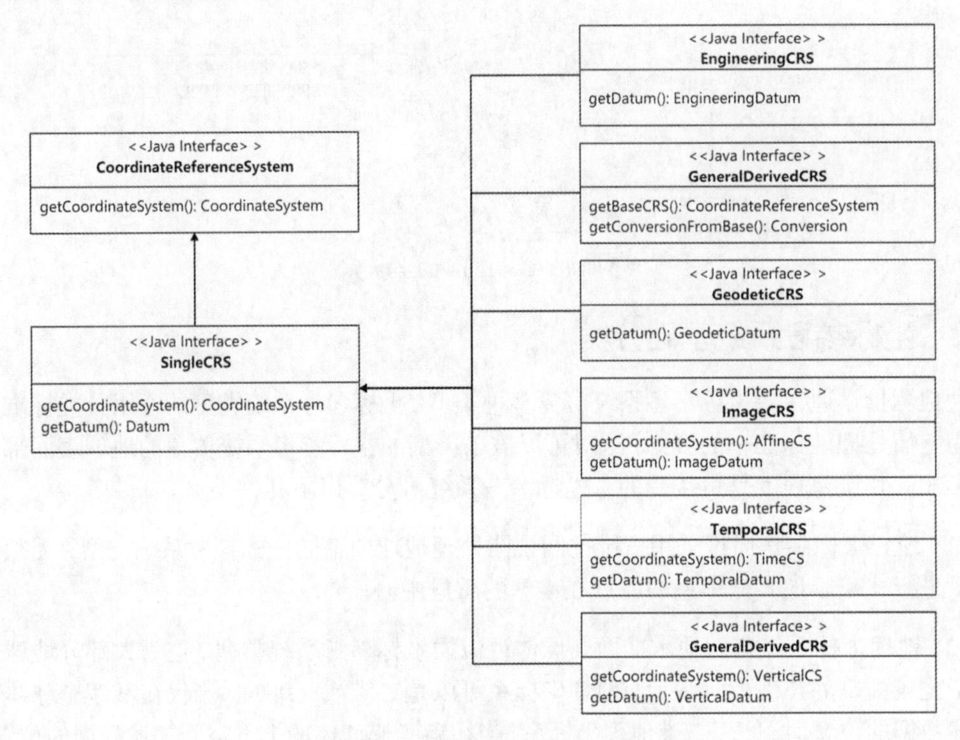

图 4-7 各类坐标参考系统的类图

4.4.3 不同坐标参考系统的关联与约束

GeoTools 中除了定义了大地测量学中的主要坐标参考系统类型，还定义了另外两种坐标参考系统类型以允许对主要类型之间存在的某些关系和约束进行建模。这些额外定义的坐标参考系统类型是复合坐标参考系统和派生坐标参考系统。

水平坐标参考系统和垂直坐标参考系统的分离导致坐标参考系统在本质上被分为水平二维的和垂直一维的。目前的做法是将点的水平坐标与来自不同坐标参考系统的高度或深度结合起来。三维坐标的坐标参考系统结合了水平坐标和垂直坐标的各自独立的水平坐标参考系统和垂直坐标参考系统。这样的坐标参考系统被称为复合坐标参考系统（Compound CRS），它由两个或多个单坐标参考系统的有序序列组成。

因此，复合坐标参考系统是一个结合了两个或多个坐标参考系统的坐标参考系统，其包含的子坐标参考系统是能复合的。复合坐标参考系统可以包含任意数量的坐标轴。复合坐标参考系统包含一组有序的坐标参考系统，复合坐标参考系统的坐标元组的顺序应遵循该有序的坐标参考系统顺序，坐标元组中的每个坐标应遵循各自有效的坐标参考系统。在构建复合坐标参考系统时也有一些限制，比如包含的坐标参考系统不应包含任何重复或冗余的坐标轴。

某些坐标参考系统是通过将坐标转换到另一个坐标参考系统来定义的，这样的坐标参考系统被称为派生坐标参考系统，用于坐标转换的坐标参考系统被称为源（或基础）坐标参考系统。坐标转换是具有零个或多个参数的运算。源坐标参考系统和派生坐标参考系统具有相同的数据。派生坐标参考系统的典型例子是平面投影坐标系，它总是通过地图投影方法实现坐标转换并从源坐标参考系统派生而来。

原则上，除了地心坐标参考系统和投影坐标参考系统之外，所有类型的坐标参考系统都可以充当源坐标参考系统或派生坐标参考系统。因为投影坐标参考系统的广泛使用，GeoTools 将其实例化为自有名称的对象类，而不是“投影”类型的通用派生坐标参考系统。

点的坐标记录在坐标系中。坐标系包含一组分割坐标空间的坐标系轴。这个概念包含一组用于确定坐标如何与角度、距离等不变量相关联的数学规则。

坐标系类图如图 4-8 所示。

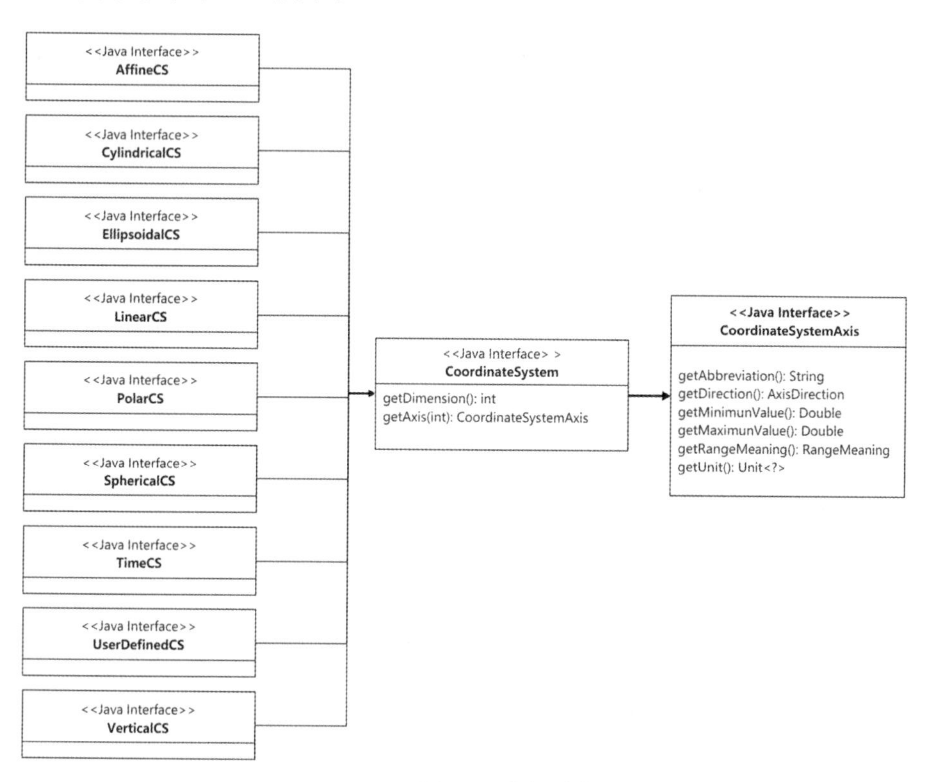

图 4-8 坐标系类图

一个坐标系可以被多个坐标参考系统使用。它的轴可以是空间的、时间的或混合的。坐标系由一组有序的坐标轴组成，轴的数量等于它描述几何对象的空间维度。坐标元组中的坐标应与定义坐标轴的顺序相同。坐标的维度、名称、度量单位、轴的方向和顺序都是坐标系定义的一部分。坐标元组中的坐标轴的数量，以及坐标系中坐标轴的数量应等于坐标系中坐标轴的数量。坐标系根据分割的坐标空间的几何特性和轴本身的几何特性（直线或曲线，垂直与否）分为不同的类型。坐标系的某些类型只能与坐标参考系统的特定类型一起使用。

坐标系由一组有序的坐标系轴组成。每个坐标轴都是名称、缩写、方向和度量单位的组合。假定一个任意的 xyz 坐标系，如果 xyz 坐标系是笛卡儿坐标系，则 x 轴可以定义为 $y=z=0$ 的点的轨迹。然而上述定义仅在欧氏空间中成立，在曲面空间的情况下，例如椭球体的表面，其几何坐标由椭球体坐标系描述，将相同的定义类推到曲线纬度和经度坐标上，纬度轴将是赤道，经度轴将是本初子午线。

此外，坐标轴的指定方向通常只是近似的；两个地理坐标参考系统将使用相同的椭球体坐标系。这些坐标系通过两个不同的大地基准与地球相关联，这可能会导致两个坐标参考系统彼此轻微旋转。

基准用于指定坐标系与地球的关系。GeoTools 指定了许多基准类型，包含大地测量基准、垂直基准和工程基准等。每个基准类型只能与特定类型的坐标参考系统相关联。大地测量基准与三维或水平（二维）坐标参考系统一起使用，并且需要定义椭球体和本初子午线。大地测量基准用于描述地球表面。垂直基准只能与垂直坐标参考系统相关联。图像基准和工程基准仅用于局部环境，图像基准用于描述图像的原点和工程（或局部）坐标参考系统的原点。基准的类图如图 4-9 所示。

GeoTools 定义了一个 CRS 工具类，用于从 WKT 文本中获取坐标系对象，操作示例如代码清单 4-2 所示。

代码清单 4-2 解析 WKT

```
CRS.parseWKT(wktStr);
```

该工具类也支持通过解析 EPSG 编码获取坐标系，操作示例如代码清单 4-3 所示。

代码清单 4-3 解析编码

```
CoordinateReferenceSystem targetCRS = CRS.decode("EPSG:23032")
```

GeoTools 定义了一系列工具类用于实现坐标系的转换，操作示例如代码清单 4-4 所示。

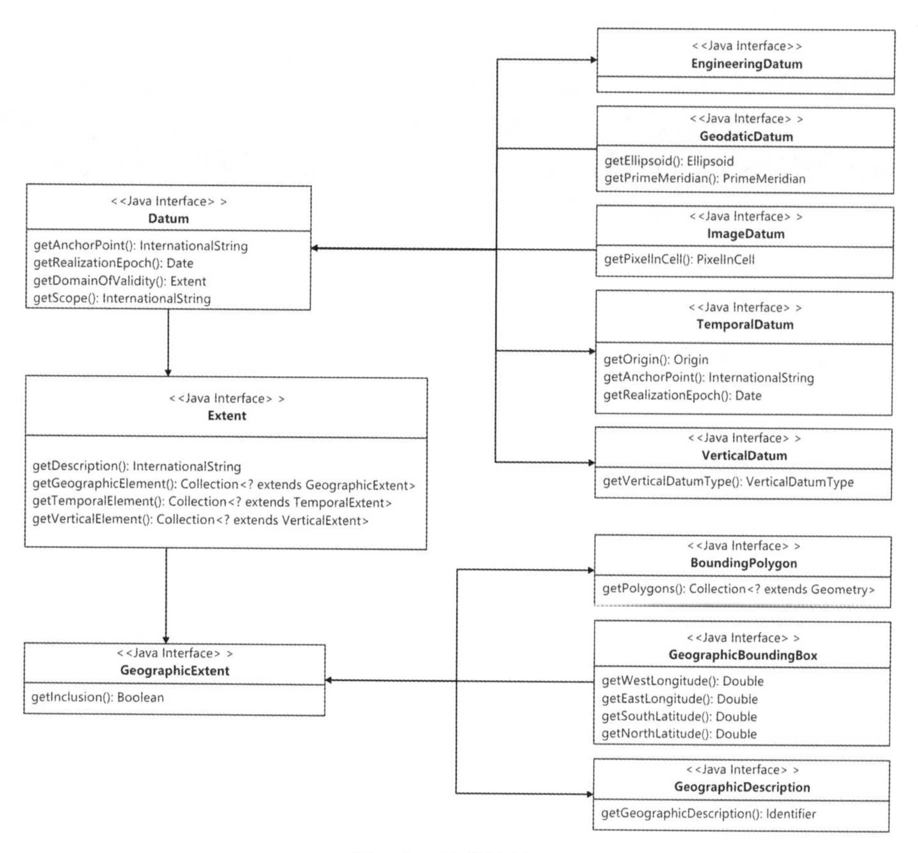

图 4-9 基准的类图

代码清单 4-4 坐标系的转换

```
String wktStr = "GEOGCS["China Geodetic Coordinate System 2000",
DATUM["China_2000",
   SPHEROID["CGCS2000",6378137,298.257222101,
       AUTHORITY["EPSG","1024"]],
   AUTHORITY["EPSG","1043"]],
PRIMEM["Greenwich",0,
   AUTHORITY["EPSG","8901"]],
UNIT["degree",0.0174532925199433,
   AUTHORITY["EPSG","9122"]],
AUTHORITY["EPSG","4490"]]
";
```

4.5 本章小结

本章首先介绍了空间坐标系的基础知识，包括椭球体、常用地图投影方法等大地测量学概念。然后介绍了坐标系的 WKT 文本表示和通用坐标系数据库 EPSG。最后介绍了 GeoTools 对椭球体、坐标参考系统、基准、坐标系等的实现，以及 GeoTools 提供的坐标系工具类。希望通过本章的学习读者能够建立对坐标系的基本概念和实际程序设计使用的知识体系。由于本书篇幅有限，坐标系的详细数学定义和投影方法的具体数学逻辑并未详尽叙述，有兴趣的读者可以自行查阅大地测量学的相关内容。

第 5 章

空间矢量数据管理

前文已经对空间实体的描述方式进行了详细的介绍，本章不再对这些基础概念进行介绍，将把重点放在对空间矢量数据的管理方法上。在 GeoTools 中，对空间矢量数据是有完整的处理流程的，因此本章将从以下 6 个方面来进行介绍。

- DataStore 数据管理框架。
- WKT。
- GeoJSON。
- Shapefile。
- GeoPackage。
- 自定义 CSVDataStore。

5.1 DataStore 数据管理框架

除了矢量数据描述方式需要设定，矢量数据还需要一个框架来进行管理。在 GeoTools 中，是利用自身的 DataStore 框架来进行数据管理的，本节会对这个管理框架进行详细的介绍。

5.1.1 架构设计

OGC 规范对空间矢量数据的框架进行了设计，GeoTools 对其进行了实现。如图 5-1 所示，其中的 DataStore 可以近似理解成关系数据库中的一个数据库实例，FeatureSource 可以近似理解成关系数据库中的一张表。

DataAccess 接口主要对空间要素类型的相关信息的构建、读取、更新、清除等操作进行了设定。DataStore 接口直接继承了 DataAccess 接口，DataAccess 接口主要定义了数据源的基本行为，如新建、更改、删除等（见代码清单 5-1），将一整套 SimpleFeature 的数据模型进行了嵌入，可以看到所有的数据转换格式已经从上层的泛型具象成了 SimpleFeature 以及 SimpleFeatureType。除此以外，DataStore 也指定了空间矢量数据的读写方法以及相关的函数。FeatureSource 和 SimpleFeatureSource 则是与具体的 SimpleFeatureType 绑定的数据结构，用户可以通过其子类对“表”直接进行查询和写入操作。

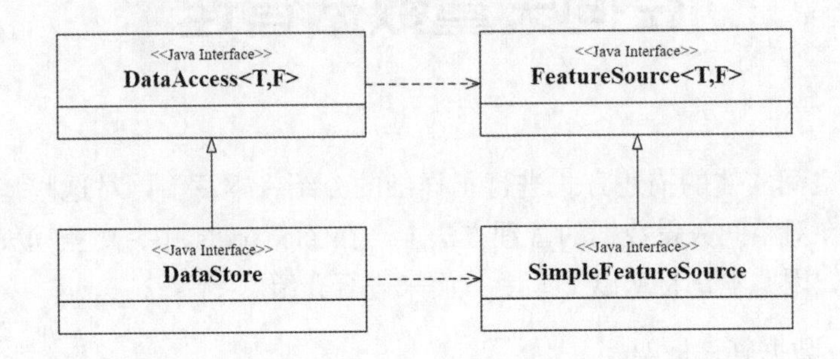

图 5-1 GeoTools 中 DataStore 与其周边类的关系

代码清单 5-1 DataAceess 接口说明

```
public interface DataAccess<T extends FeatureType, F extends Feature> {
//获取数据信息
ServiceInfo getInfo();
//新建数据
void createSchema(T var1) throws IOException;
//更新数据字段信息
void updateSchema(Name var1, T var2) throws IOException;
//删除数据
void removeSchema(Name var1) throws IOException;
//获取数据名称
List<Name> getNames() throws IOException;
//获取数据字段信息
T getSchema(Name var1) throws IOException;
//获取数据源
FeatureSource<T, F> getFeatureSource(Name var1) throws IOException;
//释放数据连接
void dispose();
}
```

5.1.2 DataStore

DataStore 提供了较为完整的读写功能，熟悉 Java 的同学甚至可以将其理解成一个类似于 JDBC 的连接空间数据的驱动程序。

DataStore 是主要用于访问和存储矢量格式的空间数据的引擎。矢量数据的数据格式有很多种。GeoTools 支持如 Shapefile、数据库等的接入，其支持的数据源种类有很多种，例如地理信息系统行业常用的 PostGIS、时空数据领域使用到的 GeoMesa、新型的 GeoPackage 等。在支持这些数据源时，GeoTools 提供了统一的 DataStore 访问接口，如代码清单 5-2 所示。用户只需要实现这个接口，就能够针对特定的数据源进行相应的扩展。

代码清单 5-2 DataStore 内部代码

```
/**
 *DataStore 访问接口
 */
public interface DataStore extends DataAccess<SimpleFeatureType, SimpleFeature> {
    // 更新 SimepleFeatureType 结构信息
    void updateSchema(String var1, SimpleFeatureType var2) throws IOException;
    // 删除 SimpleFeatureType
    void removeSchema(String var1) throws IOException;
    // 获取 SimpleFeatureType 名称
    String[] getTypeNames() throws IOException;
    // 获取 SimpleFeatureType
    SimpleFeatureType getSchema(String var1) throws IOException;
    // 根据 SimpleFeatureType 的名称获取对应的 FeatureSource
    SimpleFeatureSource getFeatureSource(String var1) throws IOException;
    SimpleFeatureSource getFeatureSource(Name var1) throws IOException;
    // 获取查询结果
    FeatureReader<SimpleFeatureType, SimpleFeature> getFeatureReader(Query var1,
                                        Transaction var2) throws IOException;
    // 获取写入对象
    FeatureWriter<SimpleFeatureType, SimpleFeature> getFeatureWriter(String var1,
                                        Filter var2,
                                        Transaction var3) throws IOException;
    FeatureWriter<SimpleFeatureType, SimpleFeature> getFeatureWriter(String var1,
                                        Transaction var2) throws IOException;
    FeatureWriter<SimpleFeatureType, SimpleFeature> getFeatureWriterAppend(String var1,
                                      Transaction var2) throws IOException;
    LockingManager getLockingManager();
}
```

DataStore 所对应的是比 SimpleFeatureType 更上层的概念,对应关系数据库中的 database 的概念，用户可以利用 DataStore 对多个 SimpleFeatureType 进行控制和管理。从上述代码清单中可以看到，DataStore 内部规定了 SimpleFeatureType 的更新、删除和获取操作，也实现了针对 SimpleFeatureType 的读写操作。

5.1.3 FeatureSource

FeatureSource 与 DataStore 相比，它的操作粒度更细，如代码清单 5-3 所示。

代码清单 5-3 FeatureSource 内部代码

```
/**
 *FeatureSource 访问接口
 */
public interface FeatureSource<T extends FeatureType, F extends Feature> {
// 获取 SimpleFeatureType 名称
    Name getName();

    // 获取 SimpleFeatureType 信息
ResourceInfo getInfo();

    // 获取所属 DataStore 对象
DataAccess<T, F> getDataStore();

    // 获取查询容量
QueryCapabilities getQueryCapabilities();

    // 添加监听器
void addFeatureListener(FeatureListener var1);

    // 移除监听器
void removeFeatureListener(FeatureListener var1);

    // 获取要素信息
FeatureCollection<T, F> getFeatures(Filter var1) throws IOException;

    FeatureCollection<T, F> getFeatures(Query var1) throws IOException;

    FeatureCollection<T, F> getFeatures() throws IOException;

    // 获取结构信息
T getSchema();

    // 获取空间边界
ReferencedEnvelope getBounds() throws IOException;

    ReferencedEnvelope getBounds(Query var1) throws IOException;

    // 获取数据条数
int getCount(Query var1) throws IOException;

    // 获取支持的 Hint
Set<Key> getSupportedHints();
}
```

我们可以看到，在 FeatureSource 访问接口定义的方法中，它所面向的是 SimpleFeatureType，可将它类比为关系数据库中的一张具体的表，因此，它内部的所有操作都是针对这张表，以及与这张表对应的一次查询展开的。FeatureSource 内部的方法包含针对 SimpleFeatureType 的一系列操作，例如获取名称、获取基本信息等。另外的方法是关于查询的，例如输入查询条件返回符合条件的要素信息、获取数据条数以及获取空间边界等。另外，还有一些针对查询动作的监听器以及 Hint。

5.1.4 FeatureStore

FeatureStore 是 FeatureSource 的一个子接口，它针对数据本身进行了一些新的设定，相关的代码实现如代码清单 5-4 所示。

代码清单 5-4 FeatureStore 接口说明

```
public interface FeatureStore<T extends FeatureType,
                              F extends Feature> extends FeatureSource<T, F> {
//插入数据
List<FeatureId> addFeatures(FeatureCollection<T, F> var1) throws IOException;
//删除数据
void removeFeatures(Filter var1) throws IOException;
//更改数据
void modifyFeatures(Name[] var1, Object[] var2, Filter var3) throws IOException;
//更改数据
void modifyFeatures(Name var1, Object var2, Filter var3) throws IOException;
//流式插入数据
void setFeatures(FeatureReader<T, F> var1) throws IOException;
//事务设置
void setTransaction(Transaction var1);
//获取当前事务
Transaction getTransaction();
}
```

从代码中可以看出，FeatureStore 对数据操作和事务操作进行了细化。在数据操作方面，增加了插入数据、删除数据、更新数据的相关内容；在事务操作方面，用户可以配置事务信息，但是由于 GeoTools 目前并没有将重点放在事务上，因此现在只支持默认（Default）和自动提交（Auto Commit）两种事务的模式。

5.1.5 SimpleFeature

SimpleFeature 在 GeoTools 内部就是具体的数据条目，可类比为关系数据库中的一条记录。早期 OGC 对空间要素（Geometry Feature）有过非常详细的设定，但是这样的设定过于复杂，以致行业内产生了简化要素（Simple Feature）这种设定，这也是“Simple”的由来。GeoTools 内部采用 SimpleFeature 作为自己的空间数据结构，其内部代码如代码清单 5-5 所示。

代码清单 5-5 SimpleFeature 内部代码

```
/**
 *SimpleFeature 代码实现
 */
```

```
public interface SimpleFeature extends Feature {
    // 获取 ID
    String getID();
    // 获取对应的 SimpleFeatureType
    SimpleFeatureType getType();
    SimpleFeatureType getFeatureType();
    // 获取所有属性
    List<Object> getAttributes();
    // 设置属性
    void setAttributes(List<Object> var1);
    void setAttributes(Object[] var1);
    // 根据属性名称获取单个属性
    Object getAttribute(String var1);
    // 设置属性
    void setAttribute(String var1, Object var2);
    Object getAttribute(Name var1);
    void setAttribute(Name var1, Object var2);
    Object getAttribute(int var1) throws IndexOutOfBoundsException;
    void setAttribute(int var1, Object var2) throws IndexOutOfBoundsException;
    // 获取属性个数
    int getAttributeCount();
    // 获取默认空间数据
    Object getDefaultGeometry();
    // 设置默认空间数据
    void setDefaultGeometry(Object var1);
}
```

从代码中，我们可以看出，SimpleFeature 与 SimpleFeatureType 进行了绑定，这一点是与关系数据库大为不同的，因为在关系数据库内部，数据都是以元组的形式排列的，表结构是作为外部的关系约束条件存在的，而不是存放在每一行记录内部的。另外，SimpleFeature 中，为了精简描述方式，配置了一个默认空间数据，在实际的使用中，如果业务数据中没有空间数据，也可以将其置为空。

5.1.6 SimpleFeatureType

SimpleFeatureType 是 GeoTools 内部用来对 SimpleFeature 进行数据结构约束的数据结构，它可以类比为关系数据库的表结构，具体的代码实现如代码清单 5-6 所示。

代码清单 5-6 SimpleFeatureType 内部代码

```
/**
 *SimpleFeatureType 代码实现
 */
public interface SimpleFeatureType extends FeatureType {
    // 获取 SimpleFeatureType 名称
    String getTypeName();
    // 获取所有属性的描述器
```

```
        List<AttributeDescriptor> getAttributeDescriptors();
        // 根据属性名称获取对应属性的描述器
        AttributeDescriptor getDescriptor(String var1);
        AttributeDescriptor getDescriptor(Name var1);
        AttributeDescriptor getDescriptor(int var1) throws IndexOutOfBoundsException;
        // 获取属性个数
        int getAttributeCount();
        // 获取所有属性的数据类型
        List<AttributeType> getTypes();
        // 获取单个属性的数据类型
        AttributeType getType(String var1);
        AttributeType getType(Name var1);
        AttributeType getType(int var1) throws IndexOutOfBoundsException;
        // 获取单个属性的索引
        int indexOf(String var1);
        int indexOf(Name var1);
    }
```

从代码中，我们可以看出，SimpleFeatureType 内部主要是对自身的属性以及属性的描述器类 Attribute Descriptor 进行管理的配置和获取方法的实现，用户在使用过程中，可以比较方便地获取到相关的信息。

5.1.7 FeatureCollection

FeatureCollection 是 GeoTools 参考 Java 语言的集合类（Collection）设计的存储 Feature 对象的集合类。为了更好地操作空间数据对象，FeatureCollection 在使用上与 Java 集合类主要有两点不同。第一点是 FeatureCollection 的迭代器（Iterator）必须在使用完毕后进行显式的关闭操作，才能避免内存泄漏。第二点是存储在同一个 FeatureCollection 中的对象具有相同的 SimpleFeatureType。

除了代码清单 5-7 所述的两个特性，FeatureCollection 对象基本遵循了 Java 集合类的实现规范，具体接口定义如代码清单 5-8 所示。

代码清单 5-7 FeatureCollection 特性说明

```
//获取 FeatureCollection 中的 SimpleFeature 对象
    try (SimpleFeatureIterator iterator = featureCollection.features()) {
            while (iterator.hasNext()) {
                SimpleFeature feature = iterator.next();
                // 迭代要素
            }
    }

//获取集合的 SimpleFeatureType
SimpleFeatureType type = featureCollection.getSchema();
```

代码清单 5-8 FeatureCollection 接口定义

```
public interface FeatureCollection<T extends FeatureType, F extends Feature> {
  //迭代器，使用完毕后必须关闭
  FeatureIterator<F> features()

  //数据访问方法
  void accepts(FeatureVisitor, ProgressListener);
  //获取 SimpleFeatureType
  T getSchema();

  String getID();

  //针对 FeatureCollection 查询子集合
  FeatureCollection<T,F> subCollection(Filter);
  FeatureCollection<T,F> sort(SortBy);

  //获取集合的最小外接矩形
  ReferencedEnvelope getBounds()
  //集合是否为空
  boolean isEmpty()
  //集合元素个数
  int size()
  //是否包含指定元素
  boolean contains(Object)
  //是否包含指定集合
  boolean containsAll(Collection<?>)

  //集合转数组
  Object[] toArray()
  <O> O[] toArray(O[])
}
```

值得强调的是，FeatureCollection 并不是将数据全部加载到内存中的传统集合类，由于空间数据通常数据量较大，一味地加载到内存中通常会导致内存超限。因此 GeoTools 在实现 FeatureCollection 时使用流式数据模型，尽量减少内存的使用量，也因此造成 FeatureCollection 的迭代器在使用完毕后必须关闭的问题。

由于 Java 泛型类在类型定义上比较冗余，在处理由 SimpleFeature 和 SimpleFeatureType 构成的 FeatureCollection 时必须不断地定义 FeatureCollection<SimpleFeatureType,Simple Feature>，因此 GeoTools 设计了 SimpleFeatureCollection 语法糖来帮助用户更好地使用 Feature Collection。SimpleFeatureCollection 的定义如代码清单 5-9 所示。

代码清单 5-9 SimpleFeatureCollection 接口定义

```
public interface SimpleFeatureCollection
                extends FeatureCollection<SimpleFeatureType,SimpleFeature> {
  //迭代器，使用完毕后必须关闭
```

```
    SimpleFeatureIterator features()

    //数据访问方法
    void accepts(FeatureVisitor, ProgressListener);

    SimpleFeatureType getSchema()
    String getID()

    //针对 FeatureCollection 查询子集合
    SimpleFeatureCollection subCollection(Filter)
    SimpleFeatureCollection sort(SortBy)

    //获取集合的最小外接矩形
    ReferencedEnvelope getBounds()
    boolean isEmpty()
    int size()

    boolean contains(Object)
    boolean containsAll(Collection<?>)

    //集合转数组
    Object[] toArray()
    <O> O[] toArray(O[])
}
```

5.2 WKT

上文是对 GeoTools 空间矢量数据管理框架 DataStore 的介绍，接下来会介绍几种空间矢量数据的内部结构。本节会对 WKT 进行介绍，并对 GeoTools 中相关的功能进行讲解。

5.2.1 WKT 概述

WKT 是一种表示空间数据和坐标系的文本，WKT 也指地理信息系统行业中比较通用的一种表示空间矢量数据的数据格式。WKT 主要用来表示几何对象、空间坐标系以及空间坐标系之间的转换。

5.2.2 WKT 对几何对象的描述方法

WKT 可以通过文本形式来表示几何对象，它能够描述的几何对象包括点、线、多边形、不规则三角网等。如代码清单 5-10 所示，其中每一行的开头都是用来表示当前数据的数据类型的，括号中的数据则是描述空间的数值，例如经度值、纬度值等。

代码清单 5-10 WKT 数据示例

```
POINT(6 10)
LINESTRING(3 4,10 50,20 25)
POLYGON((1 1,5 1,5 5,1 5,1 1),(2 2,2 3,3 3,3 2,2 2))
MULTIPOINT(3.5 5.6, 4.8 10.5)
MULTILINESTRING((3 4,10 50,20 25),(-5 -8,-10 -8,-15 -4))
MULTIPOLYGON(((1 1,5 1,5 5,1 5,1 1),(2 2,2 3,3 3,3 2,2 2)),((6 3,9 2,9 4,6 3)))
```

除了上述这些二维的空间矢量数据，WKT 对高维数据也是支持的。例如三维数据、四维数据等都可以通过添加一个属性来进行描述，如代码清单 5-11 所示。

代码清单 5-11 WKT 描述高维数据示例

```
POINT ZM (1 1 5 60)
POINT M (1 1 80)
```

5.2.3 GeoTools 对 WKT 的解析工具

GeoTools 支持对 WKT 的解析，可通过 gt-main 包实现。用户直接在 Maven 的 pom.xml 配置文件中增加下面的配置信息，就可以将 gt-main 包引入，如代码清单 5-12 所示。

代码清单 5-12 gt-main 包的配置信息

```
<dependency>
    <groupId>org.geotools</groupId>
    <artifactId>gt-main</artifactId>
    <version>${geotools.version}</version>
</dependency>
```

然后，用户需要构建一个空间矢量数据工厂类对象，由于地理信息系统中会有很多空间坐标系，因此用户还需要指定对应的参数，如代码清单 5-13 所示。

代码清单 5-13 构造空间矢量数据工厂类对象

```
CoordinateReferenceSystem crs = CRS.decode("EPSG:4326");
Precision precision = new PrecisionModel();//设置坐标的有效位数,
                                            //无参数说明不对坐标的小数位数进行限制

GeometryFactory geometryFactory = new GeometryFactoryImpl( crs );
```

下面可以调用相关的 WKT 解析类来对相应的空间信息进行解析，并获取对应的空间矢量对象，如代码清单 5-14 所示。

代码清单 5-14 解析 WKT 并获取对应的空间矢量对象

```
PositionFactory positionFactory = new PositionFactoryImpl(...);
CoordinateFactory coordinateFactory = new CoordinateFactoryImpl(...);
```

```
PrimitiveFactory primitiveFactory = new PrimitiveFactoryImpl(...);
ComplexFactory complexFactory = new ComplexFactoryImpl(...);
AggregateFactory aggregtateFactory = new AggregateFactoryImpl(...);

WKTParser parser =
   new WKTParser(geometryFactory, primitiveFactory, positionFactory, aggregateFactory);

Point point = (Point) parser.parse( "POINT (80 340)" );
```

5.3 GeoJSON

除了上述的 WKT，JSON 也是一种比较常用的数据描述格式。在地理信息系统行业，人们对 JSON 格式进行了改造，并形成了 GeoJSON 这种专门用来描述空间数据的 JSON 格式，本节会对这种格式进行介绍。

5.3.1 GeoJSON 概述

GeoJSON 是一种对多种空间数据进行编码的格式，是基于 JavaScript 对象表示法（JavaScript Object Notation，JSON）的空间数据交换格式。GeoJSON 可以用来表示几何对象、空间要素或者几何对象集合。GeoJSON 支持下面几种几何类型，点（Point）、线（Linestring）、面（Polygon）、多点（MultiPoint）、多线（MultiLinestring）、多面（MultiPolygon）和几何对象集合（Geometry Collection）等。

5.3.2 GeoJSON 对空间几何对象的描述方法

在 GeoJSON 中，空间几何对象由单独的对象组成，如代码清单 5-15 所示。

代码清单 5-15 GeoJSON 描述空间几何对象示例

```
{
    "type": "FeatureCollection",
    "features": [{
        "type": "Feature",
        "geometry": {
            "type": "Point",
            "coordinates": [102.0, 0.5]
        },
        "properties": {
           "prop0": "value0"
        }
    }, {
        "type": "Feature",
```

```
        "geometry": {
            "type": "LineString",
            "coordinates": [
                [102.0, 0.0],
                [103.0, 1.0],
                [104.0, 0.0],
                [105.0, 1.0]
            ]
        },
        "properties": {
            "prop0": "value0",
            "prop1": 0.0
        }
    }, {
        "type": "Feature",
        "geometry": {
            "type": "Polygon",
            "coordinates": [
                [100.0, 0.0],
                [101.0, 0.0],
                [101.0, 1.0],
                [100.0, 1.0],
                [100.0, 0.0]
            ]
        },
        "properties": {
            "prop0": "value0",
            "prop1": {
                "this": "that"
            }
        }
    }]
}
```

每一个空间几何对象都是由一个 JSON 对象来进行封装的，其中必须有一个名字为“type”的成员，这个成员的值是 GeoJSON 中定义的数据类型，例如 Point、Polygon 等。除此以外，GeoJSON 对象可能有一个可选的“crs”成员，它的值必须是一个坐标参考系统的对象。GeoJSON 对象可能还有一个“bbox”成员，它的值必须是边界框数组。

5.3.3 GeoTools 对 GeoJSON 的解析工具

在 GeoTools 中，对 GeoJSON 的支持是通过一个插件来完成的，用户同样可以在 Maven 的 pom.xml 配置文件中添加下述的依赖，如代码清单 5-16 所示，完成相关插件的导入。

代码清单 5-16 GeoJSON 中 gt-geojson 插件的导入

```
<dependency>
  <groupId>org.geotools</groupId>
```

```
  <artifactId>gt-geojson</artifactId>
  <version>${geotools.version}</version>
</dependency>
```

在相关插件被导入以后，我们就可以通过相关的接口来对 GeoJSON 进行解析，如代码清单 5-17 所示。

代码清单 5-17　GeoJSON 的解析

```
GeometryJSON gjson = new GeometryJSON();

String json = "{'type':'Point','coordinates':[100.1,0.1]}";

Reader reader = new StringReader(json);
Point p = gjson.readPoint( reader );
```

同样，空间要素对象 Feature 也可以被输出为 GeoJSON 格式，GeoJSON 的输出如代码清单 5-18 所示。

代码清单 5-18　GeoJSON 的输出

```
FeatureJSON fjson = new FeatureJSON();
StringWriter writer = new StringWriter();

fjson.writeFeature(feature(1), writer);

String json = writer.toString();
```

5.4　Shapefile

在地理信息系统行业内，还有一种业界通用的存储结构——Shapefile，GeoTools 也对其进行了支持，本节将对这种存储结构以及 GeoTools 与它的交互方式进行讲解。

5.4.1　Shapefile 概述

Shapefile 的全称是 ESRI Shapefile，是美国环境系统研究所公司（Environmental Systems Research Institute, Inc.，ESRI）开发的一种空间数据开放格式，已经成为地理信息系统行业内的一种通用数据标准，用户可以利用它在 ESRI 与其他公司的产品之间进行数据操作。

Shapefile 是一种矢量图形格式，能够保存几何对象的位置数据或相关的属性数据。它在存储几何对象的位置数据时，无法在一个文件中同时存储这些几何对象的属性数据。因此

Shapefile 还需要使用一些二维表来存储 Shapefile 中每个几何对象的属性信息。

5.4.2 Shapefile 结构

Shapefile 往往不是单个文件，而是一个文件组，其中有 3 类文件是必不可少的，分别是.shp、.shx、.dbf 文件，如表 5-1 所示。

表 5-1 Shapefile 中的必要文件格式

文件格式	描述
.shp	图形格式，用于保存几何对象
.shx	图形索引格式，用于保存几何对象的位置索引，记录每一个几何对象在.shp 文件中的位置
.dbf	属性数据格式

当然除了上述的必要文件格式，Shapefile 中也有一些可选的文件格式，如表 5-2 所示。

表 5-2 Shapefile 中的可选文件格式

文件格式	描述
.prj	保存地理坐标系与投影坐标系信息，是一个存储 WKT 格式数据的文本文件
.sbnand.sbx	几何对象的空间索引
.fbnand.fbx	只读的 Shapefile 中的几何对象的空间索引
.ainand.aih	列表中活动字段的属性索引
.ixs	可读写 Shapefile 的地理编码索引
.atx	.dbf 文件的属性索引
.shp.xml	以 XML 格式保存元数据
.cpg	用于描述.dbf 文件的代码页，指明其使用的字符编码

5.4.3 GeoTools 对 Shapefile 的支持

对 Shapefile 这种业界通用的文件格式，GeoTools 也进行了支持，用户可以使用 GeoTools 完成对 Shapefile 的连接、读取、写入等操作。

用户需要在 Maven 的 pom.xml 配置文件中添加相关的依赖信息，GeoTools 中 gt-shapefile

插件的配置信息如代码清单 5-19 所示，其中${geotools.version}表示当前使用的 GeoTools 信息。

代码清单 5-19 GeoTools 中 gt-shapefile 插件的配置信息

```
<dependency>
   <groupId>org.geotools</groupId>
   <artifactId>gt-shapefile</artifactId>
   <version>${geotools.version}</version>
</dependency>
```

当用户需要连接 Shapefile 时，就能够调用相关的接口，进而直接读取 Shapefile。GeoTools 会将读取到的数据转换成为 SimpleFeature，而且也支持一些查询操作，GeoTools 中 Shapefile 的获取如代码清单 5-20 所示。

代码清单 5-20 GeoTools 中 Shapefile 的获取

```
File file = new File("example.shp");
Map<String, Object> map = new HashMap<>();
map.put("url", file.toURI().toURL());
DataStore dataStore = DataStoreFinder.getDataStore(map);
String typeName = dataStore.getTypeNames()[0];
FeatureSource<SimpleFeatureType, SimpleFeature> source =
        dataStore.getFeatureSource(typeName);
Filter filter = Filter.INCLUDE; // ECQL.toFilter("BBOX(THE_GEOM, 10,20,30,40)")
FeatureCollection<SimpleFeatureType,
                  SimpleFeature> collection = source.getFeatures(filter);
try (FeatureIterator<SimpleFeature> features = collection.features()) {
    while (features.hasNext()) {
        SimpleFeature feature = features.next();
        System.out.print(feature.getID());
        System.out.print(": ");
        System.out.println(feature.getDefaultGeometryProperty().getValue());
    }
}
```

同样，如果用户需要构建 Shapefile，也可以通过 GeoTools 提供的接口来完成，如代码清单 5-21 所示。

代码清单 5-21 GeoTools 中 Shapefile 的构建

```
FileDataStoreFactorySpi factory = new ShapefileDataStoreFactory();
File file = new File("my.shp");
Map<String, ?> map = Collections.singletonMap("url", file.toURI().toURL());
```

```
DataStore myData = factory.createNewDataStore(map);
SimpleFeatureType featureType =
        DataUtilities.createType(
                "my", "geom:Point,name:String,age:Integer,description:String");
myData.createSchema(featureType);
```

通过上述操作，用户就可以将内存中的 SimpleFeature 对象转换成可以跟其他组件进行交互的 Shapefile。

5.5 GeoPackage

除了 Shapefile 这种格式，还有一种业界通用的空间数据格式——GeoPackage，为了能够很好地管理这种数据格式，GeoTools 也提供了相应的 DataStore 接口。

5.5.1 GeoPackage 介绍

GeoPackage 是一种开源的、与平台无关的、易于传递的、可自解释的且紧凑的空间数据格式，常用于空间数据传输和复制。从实现上来看，GeoPackage 就是以.gpkg 结尾的 SQLite 数据库。当前 OGC 规范中，1.2.1 版本的 GeoPackage 使用的是 SQLite 3.x。

GeoPackage 作为当前 OGC 的推荐数据格式，相比 Shapefile 具有一些十分重要的特性。

（1）最大数据量可达 140TB。

（2）同时支持矢量数据和栅格数据。

（3）支持存储多个种类的多个图层数据。

（4）完整的 SQL 能力。

（5）单文件形式，便于传输。

（6）可扩展性。

5.5.2 GeoPackage 的内部结构

像所有的关系数据库一样，GeoPackage 包含一些表格。根据规范，这些表格可分为两类，一类是用户定义的数据表，另一类是元数据表。一个 GeoPackage 文件包含两张原生的元数据表：gpkg_contents 和 gpkg_spatial_ref_sys。gpkg_contents 表用于存储用户定义的数据表的元数据，gpkg_contents 表的主键就是数据表的表名，该主键也是其他特定内容的元数据表的外键。

gpkg_contents 表作为 GeoPackage 的总体内容描述，其字段信息如表 5-3 所示。

表 5-3 gpkg_contents 表的字段信息

字段名称	描述
table-name	实际的用户定义数据表名称，通常是 gpkg_contents 表的主键
data_type	数据表的数据类型，常用值为 tile（栅格数据）、features（矢量要素数据）、attributes（属性数据），也可自定义扩展
identifier、tile 和 description	说明和描述
last_change	数据的最后修改时间
min_x、min_y、max_x 和 max_y	数据的地理坐标范围
srs_id	空间坐标系的 ID

gpkg_spatial_ref_sys 表存储的是 GeoPackage 的空间要素的坐标参考，其主要字段信息如表 5-4 所示。

表 5-4 gpkg_spatial_ref_sys 表的主要字段信息

字段名称	描述
srs_name、description	空间坐标系的名称和描述
srs_id	空间坐标系的 ID，也是表的主键
organization	大小写不敏感的空间坐标系定义，通常为 EPSG 或 epsg
organization_coordsys_id	空间坐标系的数字 ID
definition	空间坐标系的 WKT 形式描述

对于一份空的 GeoPackge 数据，gpkg_spatial_ref_sys 也至少会有 3 条记录，分别是 srs_id 为 4326 的 WGS-84 坐标系、srs_id 为 0 的未知的地理坐标系和 srs_id 为−1 的未知的笛卡儿坐标系。

1．GeoPackage 中的矢量数据存储模型

GeoPackage 中通过 gpkg_geometry_columns 来存储矢量数据列的信息，存储在一张自定义数据表的矢量数据对应着元数据表 gpkg_contents 中记录的一条元数据信息。GeoPackage 中的矢量数据存储结构如图 5-2 所示。

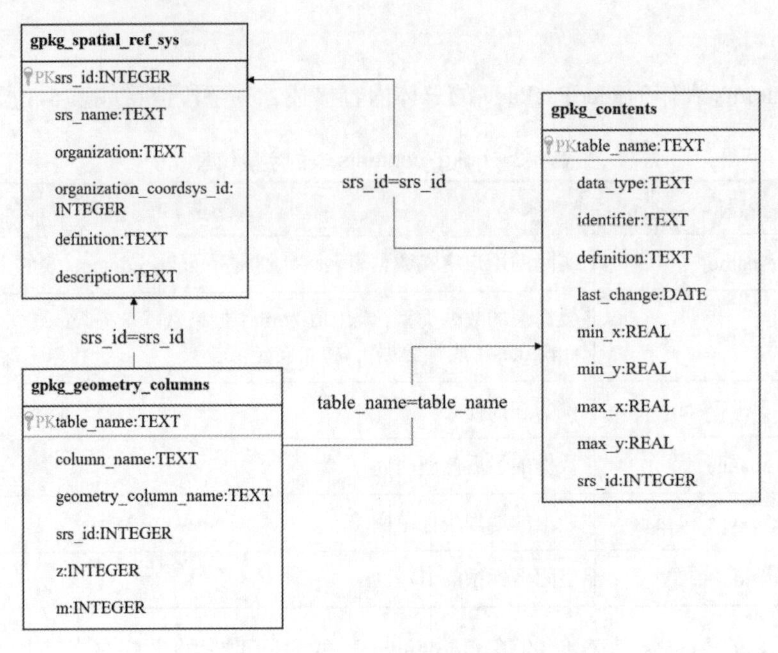

图 5-2 GeoTools 中的矢量数据存储结构

图 5-2 所示的 gpkg_geometry_columns 表主要描述的是矢量数据表的具体矢量信息，其字段信息如表 5-5 所示。

表 5-5 gpkg_geometry_columns 表的字段信息

字段名称	描述
table_name	矢量数据表的名称
column_name	矢量数据表中几何字段列的名称
geometry_column_name	几何类型的名称
srs_id	矢量数据的空间坐标系 ID
z	矢量数据的高程、深度信息
m	矢量数据的其他维度信息

矢量数据实际存储的表被称为用户定义数据表（User-Defined Data Table），几何信息通过 SQL 标准的二进制大对象（Binary Large Object，BLOB）字段类型来存储，BLOB 的内容为符合 OGC SimpleFeature 规范的几何信息。除几何信息外，矢量数据表还应具有一个主键字段，至于其他字段可根据具体业务具体实现。矢量数据表的字段类型支持标准 SQL 数据类型。

2. GeoPackage 中的栅格数据存储模型

GeoPackage 支持以栅格金字塔的形式存储栅格数据。栅格金字塔是指通过像金字塔一样的缩放级别和行列号来进行组织的一种数据组织形式，而每一个通过缩放级别和行列号唯一标识的栅格就是一个覆盖一定地理范围的 PNG 或 JPEG 图片。同一份栅格数据可以通过不同的栅格切片方案来进行组织，栅格数据的切片方案具体定义了栅格的组织规则。

因此，为了支持栅格金字塔数据存储模型，GeoPackage 扩展了两张元数据表，分别是 gpkg_tile_matrix_set 和 gpkg_tile_matrix。除元数据表之外，栅格数据与矢量数据遵循一样的规范，存储在用户定义数据表中。GeoPackage 中的栅格数据存储模型的相关表的关系示意如图 5-3 所示。

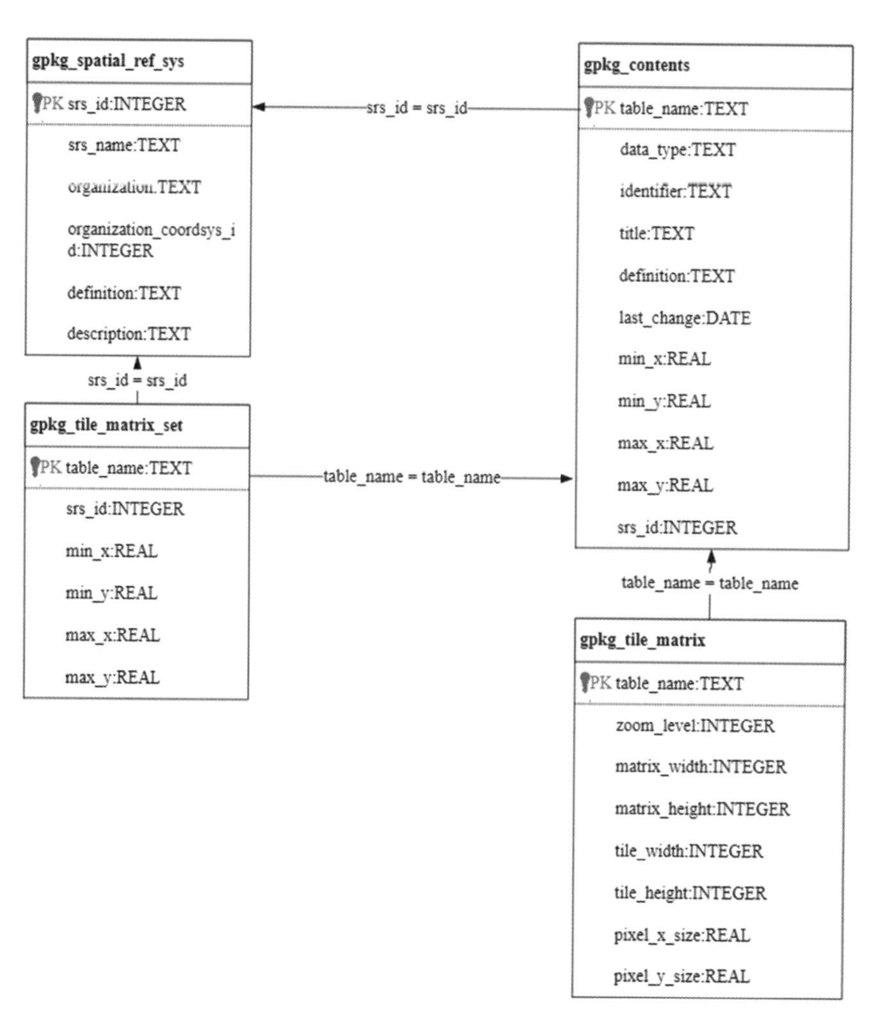

图 5-3 GeoPackage 中的栅格数据存储模型的相关表的关系示意

gpkg_tile_matrix_set 表用于描述栅格地理范围信息，其主要字段信息如表 5-6 所示。

表 5-6 gpkg_tile_matrix_set 表的主要字段信息

字段名称	描述
table_name	用户定义数据表的表名
srs_id	数据的空间坐标系的 ID
min_x、min_y、max_x 和 max_y	用于标识数据实际的地理范围

gpkg_tile_matrix 表用于描述栅格金字塔的详情，其主要字段信息如表 5-7 所示。

表 5-7 gpkg_tile_matrix 表的主要字段信息

字段名称	描述
table_name	用户定义数据表的表名
zoom_level	栅格的缩放级别
matrix_width	当前级别共有多少列栅格
matrix_height	当前级别共有多少行栅格
pixel_x_size=tile_width	栅格的像素宽度
pixel_y_size=tile_height	栅格的像素高度

实际栅格数据存储在用户定义数据表 sample_tile_pyramid 表中，与矢量数据的实现不同，栅格的用户定义数据表是有字段要求的，sample_tile_pyramid 表的字段信息如表 5-8 所示。

表 5-8 sample_tile_pyramid 表的字段信息

字段名称	描述
id	作为表的主键
zoom_level	当前栅格的级别
tile_column	当前栅格的列号
tile_row	当前栅格的行号
tile_data	BLOB 存储栅格的数据

GeoPackage 默认仅支持 PNG 和 JPEG 格式的栅格数据。通常来说，由于 PNG 的无损压缩机制，PNG 格式更适合存储矢量地图栅格，而 JPEG 由于具有更好的压缩比，JPEG 格式

更适合存储图像数据栅格。还有一点需要特别强调的是，PNG 格式支持 Alpha 波段的透明设置，这会使得在栅格的边缘区域有更好的可视化效果。

除了矢量数据和栅格数据，GeoPackage 还支持存储非空间数据，这些数据被存储于用户定义数据表中，同时在 gpkg_contents 中新增一条 data_type 为 attributes 的元数据记录。

3. GeoPackage 中的扩展机制

除了栅格、几何要素等数据，GeoPackage 还具有定义明确的扩展机制来支持不属于核心标准的用例。GeoPackage 扩展是一组一个或多个实现，它们可以描述/扩展 GeoPackage 标准中的现有实现或添加新的实现。对现有实现的扩展包括添加新的几何对象类型、增强 SQL 几何对象运算函数和对其他图像格式的支持等。新的实现包括空间索引、触发器、附加表、其他 BLOB 类型编码和其他 SQL 函数等。使用一个或多个扩展名的文件被定义为扩展 GeoPackage。当前的扩展主要有两类：OGC 注册扩展和社区扩展。

GeoPackage 使用 gpkg_extensions 表来描述所使用的扩展，该表的字段信息如表 5-9 所示。

表 5-9 gpkg_extensions 表的字段信息

字段名称	描述
table_name	使用扩展自定义数据表的表名
column_name	使用扩展的列名
extension_name	使用的扩展的名称
definition	扩展的详情页 URL
scope	扩展的作用域，可以是 read-write 或 write-only

OGC 注册扩展说明该扩展已被 OGC 审查和采用，并且该扩展实现的功能也是 OGC 标准的一部分。大多数 OGC 注册扩展已经是 GeoPackage 核心标准的一部分，但它们也可以独立应用。

对于 GeoPackage 无法覆盖的用例，OGC 欢迎实现者使用扩展机制来开发，社区扩展的用例覆盖范围更大。但需要注意的是，由于社区扩展未通过 OGC 的测试，使用时可能会引入一定的风险，在具体使用时应均衡风险与效用。

5.5.3 GeoTools 中的 GeoPackage

鉴于 GeoPackage 的重要地位，GeoTools 专门开发了一个模块对其进行支持。GeoTools 支持两种访问 GeoPackage 的方式，一种通过底层 API 进行访问，另一种则通过 JDBC 接口进行访问。获取 GeoPackage 类型的 DataStore 如代码清单 5-22 所示。

代码清单 5-22　获取 GeoPackage 类型的 DataStore

```
Map params = new HashMap();
//设置 DataStore 的类型为 GeoPackage
params.put("dbtype", "geopkg");
//GeoPackage 文件的路径
params.put("database", "test.gkpg");
//获取 GeoPackage 中的 DataStore 数据源
DataStore datastore = DataStoreFinder.getDataStore(params);
```

使用 GeoTools 底层 API 对 GeoPackage 写入数据，如代码清单 5-23 所示。

代码清单 5-23　将矢量数据写入 GeoPackage 类型的 DataStore

```
//新建一个 GeoPackage 文件
GeoPackage geopkg = new GeoPackage(File.createTempFile("geopkg",
                                              "db", new File("target")));
geopkg.init();
//读取 Shapefile 文件
File file = new File( "test.shp" );
Map<String, Object> map = new HashMap<>(1);
map.put("url", file.toURI().toURL());
DataStore dataStore = DataStoreFinder.getDataStore(map);
ShapefileDataStore shp = (ShapefileDataStore) dataStore;
//将 shp 的数据写入 GeoPackage
FeatureEntry entry = new FeatureEntry();
geopkg.add(entry, shp.getFeatureSource(), null);
```

使用 GeoTools 底层 API 操作栅格数据，如代码清单 5-24 所示。

代码清单 5-24　将栅格数据写入 GeoPackage 类型的 DataStore

```
//新建一个矢量栅格
GeoPackage geopkg = new GeoPackage(File.createTempFile("geopkg",
                                              "db", new File("target")));
geopkg.init();

//设置栅格规则
TileEntry e = new TileEntry();
e.setTableName("foo");
e.setBounds(new ReferencedEnvelope(-180, 180, -90, 90, DefaultGeographicCRS.WGS84));
e.getTileMatricies().add(new TileMatrix(0, 1, 1, 256, 256, 0.1, 0.1));
e.getTileMatricies().add(new TileMatrix(1, 2, 2, 256, 256, 0.1, 0.1));
//写入栅格规则
geopkg.create(e);
```

```
assertTileEntry(e);
//读取栅格文件
List<Tile> tiles = new ArrayList();
tiles.add(new Tile(0, 0, 0, new byte[]{...}));
tiles.add(new Tile(1, 0, 0, new byte[]{...}));
tiles.add(new Tile(1, 0, 1, new byte[]{...}));
tiles.add(new Tile(1, 1, 0, new byte[]{...}));
tiles.add(new Tile(1, 1, 1, new byte[]{...}));
//依次写入 GeoPackage
for (Tile t : tiles) {
    geopkg.add(e, t);
}
```

除了通过上述的底层 API 进行操作，由于 GeoPackage 是使用 SQLite 数据库实现的，还可以通过 GeoTools 的 JDBC 数据源来管理 GeoPackage 数据，JDBC 的具体使用方法详见第 9 章。

5.6 实现一个自定义 CSVDataStore

本章所介绍的矢量数据格式，涵盖了当前业界和 OGC 规范的常用矢量数据格式。然而，由于矢量数据在各领域的广泛使用，不同领域定义了不同的矢量数据格式，受本书篇幅所限，无法一一列举。GeoTools 提供了一套灵活的矢量数据接入机制，通过 5.1 节所述的 DataStore 数据管理框架，用户可自定义实现各类矢量数据格式。

本节通过实现一个 CSV 矢量数据格式，向读者说明如何实现一种自定义的矢量数据格式。CSV 格式是一种以逗号分隔文本的数据格式，CSV 数据如代码清单 5-25 所示。

代码清单 5-25 CSV 数据

```
LAT, LON, CITY, NUMBER, YEAR
44.9441, -93.0852, St Paul, 125, 2003
45.420833, -75.69, Ottawa, 200, 2004
44.9801, -93.251867, Minneapolis, 350, 2005
46.519833, 6.6335, Lausanne, 560, 2006
48.428611, -123.365556, Victoria, 721, 2007
39.739167, -104.984722, Denver, 869, 2011
52.95, -1.133333, Nottingham, 800, 2013
45.52, -122.681944, Portland, 840, 2014
42.3601, -71.0589, Boston, 800, 2017
```

以上 CSV 数据的第一行是字段名称，剩下的每一行记录数据都是文本形式，各字段之间通过逗号分隔。本例中，LAT 和 LON 字段分别记录了城市的纬度和经度，这两个字段共同构成了点几何属性（Point），而其他字段构成了普通属性。为了使 GeoTools 能够识别 CSV

数据，还需要确定以下几点内容。

（1）确定数据的 ID。GeoTools 使用 FeatureID 或 FID 作为数据的主键，本例中使用 CSV 文件中数据的行号作为 FID。

（2）确定数据的 FcatureType 名称。本例中使用 CSV 文件的名称 location.csv。

（3）确定数据的 DataStore。本例中使用自定义的 CSVDataStore。

（4）确定数据的 FeatureType 或 schema，即确定数据的属性表。本例中通过解析 CSV 文件的第一行来实现。

（5）确定数据的几何类型和几何字段。通过观察本例数据的组成，可以确定数据均为点数据。

除了以上几点，还需要确定数据的空间坐标系。本例中为了简化过程，直接使用 WGS-84 坐标系作为数据的空间坐标系。

5.6.1 CSVDataStore 的实现

DataStore 的作用是读取 CSV 文件并将读取的数据转换成 GeoTools 可解析的矢量数据模型，CSVDataStore 的结构示意如图 5-4 所示。

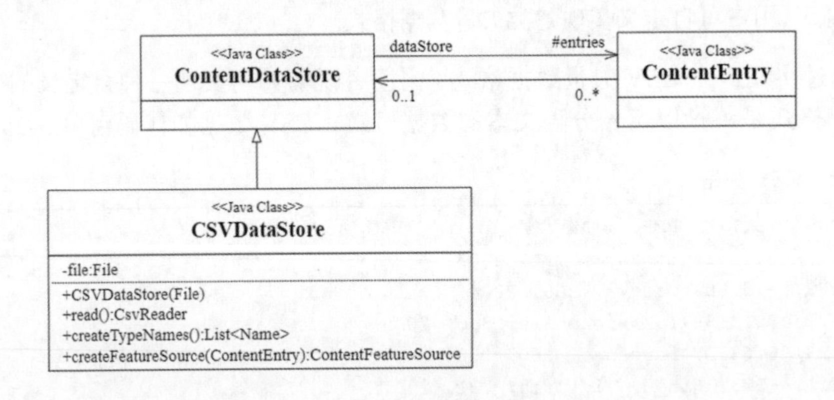

图 5-4 CSVDataStore 的结构示意

CSVDataStore 通过继承 ContentDataStore 来实现。ContentDataStore 是 GeoTools 设计的一个用于实现各类矢量数据的 DataStore 的基类。ContentDataStore 实现了类似关系数据库模式的事务和锁，仅需覆盖两个方法，即可将数据接入 ContentDataStore。ContentEntry 是一个用户存储数据及各类信息的元数据描述类。此处，本书将实现一个只读的 CSVDataStore，如代码清单 5-26 所示。

代码清单 5-26 CSVDataStore 代码

```
public class CSVDataStore extends ContentDataStore {
    File file;
    public CSVDataStore(File file) {
        this.file = file;
    }

    CsvReader read() throws IOException {
        Reader reader = new FileReader(file);
        CsvReader csvReader = new CsvReader(reader);
        return csvReader;
    }

    protected List<Name> createTypeNames() throws IOException {
        String name = file.getName();
        name = name.substring(0, name.lastIndexOf("."));
        Name typeName = new NameImpl(name);
        return Collections.singletonList(typeName);
    }

    @Override
    protected ContentFeatureSource createFeatureSource(
            ContentEntry entry) throws IOException {
        return new CSVFeatureSource(entry, Query.ALL);
    }
}
```

5.6.2 CSVFeatureSource 的实现

对于单文件矢量数据来说，FeatureSource 的实现比较简单，因此有些读者会好奇 FeatureSource 的设计意义。直观上来说，DataStore 代表的是一个数据库，FeatureSource 代表的是数据库的某张表。CSVFeatureSource 和 CSVDataStore 的关系如图 5-5 所示。

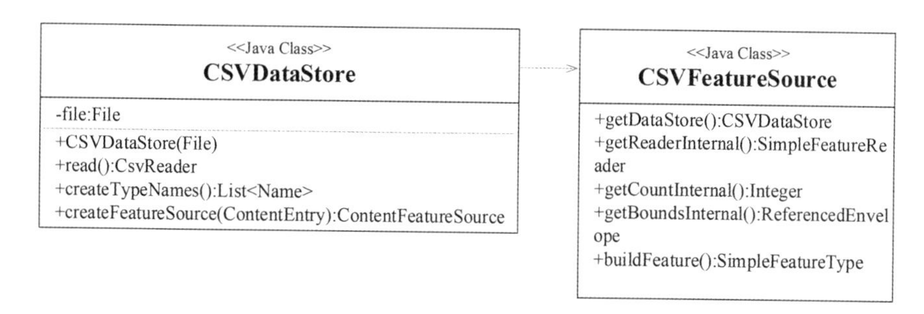

图 5-5 CSVFeatureSource 和 CSVDataStore 的关系

CSVFeatureSource 是对 CSV 文件的进一步读取，需要实现获取数据总数、获取数据的地理范围等方法，CSVFeatureSource 的具体实现如代码清单 5-27 所示。

代码清单 5-27 CSVFeatureSource 代码

```
public class CSVFeatureSource extends ContentFeatureSource {
    public CSVFeatureSource(ContentEntry entry, Query query) {
        super(entry, query);
    }

    /**
     * 获取 CSVDataStore
     */
    public CSVDataStore getDataStore() {
        return (CSVDataStore) super.getDataStore();
    }

    protected FeatureReader<SimpleFeatureType, SimpleFeature> getReaderInternal(
            Query query) throws IOException {
        return new CSVFeatureReader(getState(), query);
    }

    /**
     * 获取数据总数
     */
    protected int getCountInternal(Query query) throws IOException {
        if (query.getFilter() == Filter.INCLUDE) {
            CsvReader reader = getDataStore().read();
            try {
                boolean connect = reader.readHeaders();
                if (connect == false) {
                    throw new IOException("Unable to connect");
                }
                int count = 0;
                while (reader.readRecord()) {
                    count += 1;
                }
                return count;
            } finally {
                reader.close();
            }
        }
        return -1;
    }

    /**
     * 获取数据的地理范围
     */
```

```
    protected ReferencedEnvelope getBoundsInternal(
            Query query) throws IOException {
        return null; // feature by feature scan required to establish bounds
    }

    /**
     * 构建 SimpleFeatureType
     */
    protected SimpleFeatureType buildFeatureType() throws IOException {
        SimpleFeatureTypeBuilder builder = new SimpleFeatureTypeBuilder();
        builder.setName(entry.getName());
        // 阅读表头
        CsvReader reader = getDataStore().read();
        try {
            boolean success = reader.readHeaders();
            if (success == false) {
                throw new IOException("Header of CSV file not available");
            }

            //设置数据坐标系为 WGS-84
            builder.setCRS(DefaultGeographicCRS.WGS84);
            builder.add("Location", Point.class);
            for (String column : reader.getHeaders()) {
                if ("lat".equalsIgnoreCase(column)){
                    continue;
                }
                if ("lon".equalsIgnoreCase(column)){
                    continue;
                }
                builder.add(column, String.class);
            }

            final SimpleFeatureType SCHEMA = builder.buildFeatureType();
            return SCHEMA;
        } finally {
            reader.close();
        }
    }
}
```

5.6.3 CSVFeatureReader 的实现

FeatureReader 可被认为是一个带有属性表的迭代构造器，本小节将要实现的 CSVFeatureReader 的主要功能是读取 CSV 文件，特别是实现 CSV 要素的 readFeature 方法以及 next 和 hasNext 方法。ContentState 工具类用于保存 CSV 文件的元数据，如总行数、地理范围等信息。CSVFeatureReader 的结构示意如图 5-6 所示。

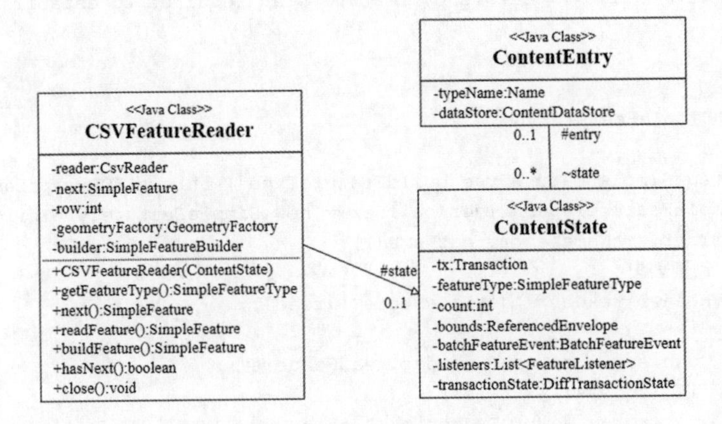

图 5-6　CSVFeatureReader 的结构示意

CSVFeatureReader 的具体实现如代码清单 5-28 所示。

代码清单 5-28　CSVFeatureReader 代码

```
public class CSVFeatureReader implements FeatureReader<SimpleFeatureType,
                                                        SimpleFeature> {

    /**
     *缓存信息
     */
    protected ContentState state;

    /**
     *当前行数
     */
    private int row;
    protected CsvReader reader;

    /**
     *  属性表构建器
     */
    protected SimpleFeatureBuilder builder;

    /**
     *  几何工厂类
     */
    private GeometryFactory geometryFactory;
    public CSVFeatureReader(ContentState contentState, Query query) throws IOException {
        this.state = contentState;
        CSVDataStore csv = (CSVDataStore) contentState.getEntry().getDataStore();
        reader = csv.read();
        boolean header = reader.readHeaders();
        if (!header) {
            throw new IOException("Unable to read csv header");
```

```
    }
    builder = new SimpleFeatureBuilder(state.getFeatureType());
    geometryFactory = JTSFactoryFinder.getGeometryFactory(null);
    row = 0;
}

/**
 *  获取数据属性表
 */
public SimpleFeatureType getFeatureType() {
    return state.getFeatureType();
}

/**
 *  下一个要素
 */
private SimpleFeature next;

/**
 *  获取下一个要素
 */
public SimpleFeature next()
        throws IOException, IllegalArgumentException, NoSuchElementException {
    SimpleFeature feature;
    if (next != null) {
        feature = next;
        next = null;
    } else {
        feature = readFeature();
    }
    return feature;
}

/**
 *检查是否有下一个要素
 *返回值为 true 表示有
 */
public boolean hasNext() throws IOException {
    if (next != null) {
        return true;
    } else {
        next = readFeature(); // read next feature so we can check
        return next != null;
    }
}

/**
 *  读取 CSV 文件的一行，并解析成 SimpleFeature
 */
SimpleFeature readFeature() throws IOException {
    if (reader == null) {
        throw new IOException("FeatureReader is closed, " +
                "no additional features can be read");
```

```
        }
        boolean read = reader.readRecord(); // read the “next” record
        if (read == false) {
            close(); // automatic close to be nice
            return null; // no additional features are available
        }
        Coordinate coordinate = new Coordinate();
        for (String column : reader.getHeaders()) {
            String value = reader.get(column);
            if ("lat".equalsIgnoreCase(column)) {
                coordinate.y = Double.valueOf(value.trim());
            } else if ("lon".equalsIgnoreCase(column)) {
                coordinate.x = Double.valueOf(value.trim());
            } else {
                builder.set(column, value);
            }
        }
        builder.set("Location", geometryFactory.createPoint(coordinate));
        return this.buildFeature();
    }

    /**
     *  根据当前行数构建 FID
     */
    protected SimpleFeature buildFeature() {
        row += 1;
        return builder.buildFeature(state.getEntry().getTypeName() + "." + row);
    }

    /**
     *关闭 FeatureReader
     */
    public void close() throws IOException {
        if (reader != null) {
            reader.close();
            reader = null;
        }
        builder = null;
        geometryFactory = null;
        next = null;
    }
}
```

5.6.4 CSVDataStoreFactory 的实现

GeoTools 通过安全参数索引（Security Parameter Index，SPI）机制来实现插件化和可插拔的数据源扩展机制。为了使之前编写的CSVDataStore生效，还需要实现DataStoreFactorySpi接口。CSVDataStoreFactory 是 DataStoreFactorySpi 接口用于处理 CSV 格式的数据的实现，其结构示意如图 5-7 所示。

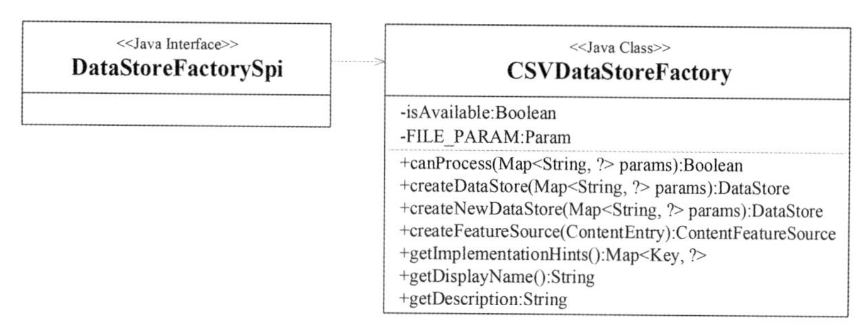

图 5-7 CSVDataStoreFactory 的结构示意

GeoTools 通过 SPI 机制注册了 CSVDataStoreFactory 类，通过 DataStoreFinder 工具类，根据不同的数据源参数动态获取不同的 DataStore 实现。CSVDataStoreFactory 的具体实现如代码清单 5-29 所示。

代码清单 5-29 CSVDataStoreFactory 代码

```
public class CSVDataStoreFactory implements DataStoreFactorySpi {
    /**
     *无参构造
     *META-INF/services/org.geotools.data.DataStoreFactorySPI
     */
    public CSVDataStoreFactory() {
    }

    public Map<Key, ?> getImplementationHints() {
        return Collections.emptyMap();
    }

    /***
     *获取数据源名称
     */
    public String getDisplayName() {
        return "CSV";
    }

    /***
     *获取数据源描述
     */
    public String getDescription() {
        return "Comma delimited text file.";
    }

    /**
     * 判断数据源是否可用
     */
    Boolean isAvailable = null;

    /**
     *校验数据源是否可用
     *@return <tt>true</tt> 可用
     */
```

```
    public synchronized boolean isAvailable() {
        if (isAvailable == null) {
            try {
                Class cvsReaderType = Class.forName("com.csvreader.CsvReader");
                isAvailable = true;
            } catch (ClassNotFoundException e) {
                isAvailable = false;
            }
        }
        return isAvailable;
    }

    /**
     * CSV文件连接参数
     */
    public static final Param FILE_PARAM =
            new Param(
                    "file",
                    File.class,
                    "Comma separated value file",
                    true,
                    null,
                    new KVP(Param.EXT, "csv"));

    public Param[] getParametersInfo() {
        return new Param[]{FILE_PARAM};
    }

    /**
     *数据源参数校验
     */
    public boolean canProcess(Map<String, ?> params) {
        try {
            File file = (File) FILE_PARAM.lookUp(params);
            if (file != null) {
                return file.getPath().toLowerCase().endsWith(".csv");
            }
        } catch (IOException e) {
        // 由于最后的return false，此处的异常处理可略过
        }
        return false;
    }

    public DataStore createDataStore(Map<String, ?> params) throws IOException {
       File file = (File) FILE_PARAM.lookUp(params);
       return new CSVDataStore(file);
    }

    public DataStore createNewDataStore(Map<String, ?> params) throws IOException {
       throw new UnsupportedOperationException("CSVDatastore is read only");
    }
}
```

SPI 机制是通过扫描 META-INF/services 文件夹下的 DataStoreFactorySpi 文件来实现服

务的注册的。因此，在本节项目的 src/main/resource 目录下，新建 META-INF/services/org.geotools.data.DataStoreFactorySpi 文件，并将 DataStoreFactory 的全类名 org.geotools.tutorial.csv.CSVDataStoreFactory 添加到该文件的第一行，重新编译打包本节的项目，即可实现 CSVDataStore。

5.7 本章小结

本章主要介绍了 GeoTools 对矢量数据的管理。GeoTools 被称为 OGC 的 Java 实现，其矢量数据模型也完全遵守了 OGC 的各类规范。在讲解了 GeoTools 的 DataStore 设计后，本章依次介绍了 WKT、GeoJSON、Shapefile 和 GeoPackage 等常用矢量数据格式，并用代码示例说明了 GeoTools 如何使用这些数据格式。在本章的最后，通过实现一个自定义 CSV 数据源的方式，介绍了 GeoTools 的矢量数据源自定义扩展机制。通过对本章的学习，读者可以了解常见的矢量数据格式，也可对 GeoTools 的数据源扩展机制有所认识，从而为之后章节的学习打下理论基础。

第 6 章

栅格数据模型

虽然我们可以依托大地坐标系，通过构建矢量位置的方式来精准描述空间数据的信息，但是很多空间数据更适合使用图片来进行描述，这就需要用到栅格数据模型。本章将从以下 4 个方面来对栅格数据模型进行介绍。

- 栅格数据概述。
- 图像金字塔。
- GeoTools 的栅格数据管理框架。
- GeoTIFF 介绍。

6.1 栅格数据概述

空间数据的两种主要类型是栅格数据和矢量数据。栅格数据被存储为值的网格，这些值以像素的形式呈现在地图上，如图 6-1 所示。每个像素值代表地球表面的一个区域。栅格数据是像素化（或网格化）数据，其中每个像素都与特定的地理位置相关联。像素的值可以是连续的或离散的。栅格数据与普通照片的唯一区别在于，它包含空间位置信息，而空间位置信息具体有栅格数据的地理范围、像元大小、行数、列数和坐标参考系统。

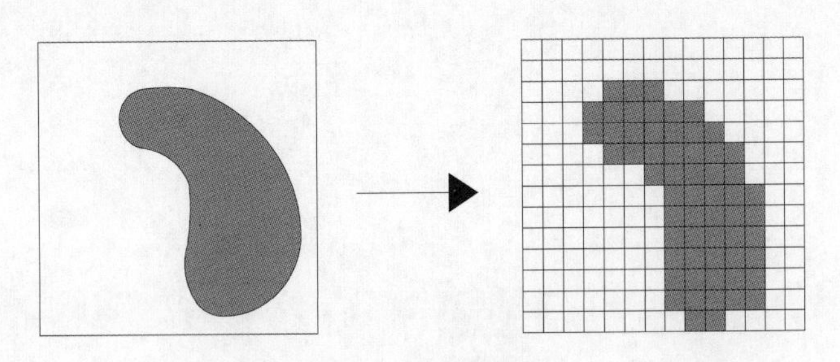

图 6-1 栅格数据

以栅格格式存储的数据可以表示各种实际现象。

（1）离散数据（也称为专题数据）表示土地利用或土壤数据等要素。

（2）连续数据表示温度、高程或光谱数据（如卫星影像或航空相片）等要素。

（3）图片则包括扫描的地图、绘图，以及建筑物照片。

6.2 图像金字塔

图像金字塔是由原始图像按一定规则排列的分辨率逐渐降低的图像集合，如图6-2所示。本节将对图像金字塔进行介绍。

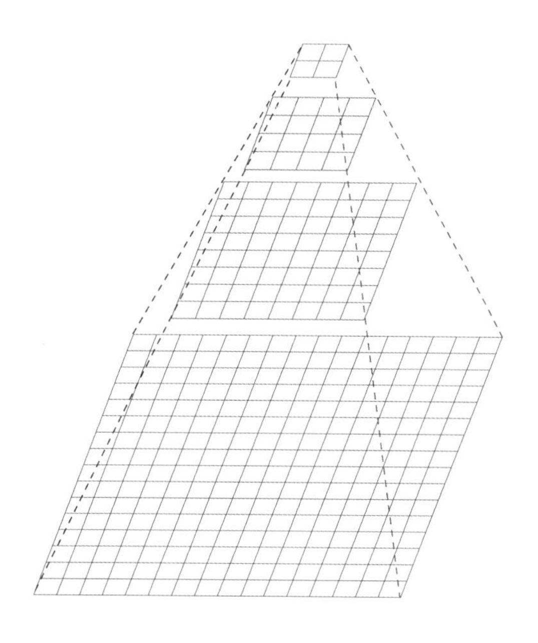

图6-2 图像金字塔

6.2.1 图像金字塔概述

以多分辨率来解释图像的一种有效但概念简单的结构就是图像金字塔。金字塔的底部是图像的高分辨率表示，也就是原始图像，数据量最大。随着层数增加，图像的分辨率逐渐降低，数据量也会按照比例减少。到了顶部，就只是原始图像的低分辨率表示，数据量最少，分辨率也最低。

金字塔结构最初应用于机器视觉和图像压缩，很多商业图像数据库系统都采用了金字塔结构来管理图像，但应用最广泛的是图像金字塔。

6.2.2 构建图像金字塔

图像金字塔的构建方法有两种：一种是利用多分辨率的数据源自动构建金字塔；另一种是除了金字塔最底层数据是原始图像数据之外，其他层的图像数据都是通过采样抽取底层数据构建的。

从原始图像数据中抽取数据构建图像金字塔时，通常采用重采样方法构建，以形成多个分辨率层次。从图像金字塔的底层到顶层，分辨率越来越低，但是表示的范围却是一致的，可以用一个公式来表示各层的分辨率。设图像数据的原始分辨率为 r_0，重采样率为 m，则第 j 层的分辨率 $r_j = r_0 \times m_j$，其中重采样率可以是任何大于 1 的整数。

图像金字塔构建的具体方法是把原始图像作为图像金字塔的最底层，定义为 0 层，通过对原始图像采用重采样方法，建立起一系列反应不同分辨率的图像，即生成图像金字塔的第 1、2、3 等层，直至最终建立的图像层分辨率满足要求，其中第 0 层即原始图像层分辨率最高、最清晰。经重采样得到的图像分辨率随着图像金字塔层数的增加而降低，数据量也依次减少，但表示的范围却是不变的。如果生成的图像金字塔最顶层的图像是由一个像素构成的话，在不考虑压缩的情况下，建立图像金字塔后的图像数据量会比原始图像数据量增加近 1/3。

6.3 GeoTools 的栅格数据管理框架

GeoTools 实现了自己的栅格数据管理框架，本节将对这个框架进行介绍。

6.3.1 架构设计

GeoTools 是通过 gt-coverage 模块来管理栅格数据的。该模块主要功能如下。

（1）实现 gt-opengis 模块定义的栅格数据接口，包括对 GridCoverage2D 和各类图像格式的读写。

（2）使用 Java 高级图像（Java Advanced Imaging，JAI）库、JAI 图像 I/O 库和 Java 图像工具库处理地理栅格图像。

（3）提供 GridFormatFinder 接口实现插件式的栅格文件类型支持。

gt-coverage 的引用方式与其他模块类似，如代码清单 6-1 所示。

代码清单 6-1 gt-coverage 的依赖

```
<dependency>
  <groupId>org.geotools</groupId>
  <artifactId>gt-coverage</artifactId>
  <version>${geotools.version}</version>
</dependency>
```

6.3.2 GridCoverage 简介

为了管理栅格，首先需要定义栅格数据的对象。GridCoverage 是 GeoTools 封装的栅格对象类，根据栅格文件扩展名的不同，GeoTools 会自动调用对应的读写实现，泛式创建 GridCoverage 的方法如代码清单 6-2 所示。

代码清单 6-2 泛式创建 GridCoverage

```
File file = new File("test.tiff");

AbstractGridFormat format = GridFormatFinder.findFormat(file);
GridCoverage2DReader reader = format.getReader(file);

GridCoverage2D coverage = reader.read(null);
```

如果已知栅格文件的格式，可以直接调用 GeoTools 的对应实现来创建 GridCoverage，如代码清单 6-3 所示。

代码清单 6-3 直接创建 GridCoverage

```
GridCoverage2D coverage = reader.read(null);
GeoTiffReader reader = new GeoTiffReader(file,
       new Hints(Hints.FORCE_LONGITUDE_FIRST_AXIS_ORDER, Boolean.TRUE));
GridCoverage2D coverage = reader.read(null);
```

GridCoverage 包含 Java 图像通用对象 BufferedImage 和地理范围对象 ReferencedEnvelope，通过这两个对象，就可以将 GridCoverage 对象完整地映射到一张地图上，如代码清单 6-4 所示。

代码清单 6-4 GridCoverage 的使用

```
GridCoverage2D coverage = reader.read(null);
CoordinateReferenceSystem crs = coverage.getCoordinateReferenceSystem2D();
Envelope env = coverage.getEnvelope();
RenderedImage image = coverage.getRenderedImage();
```

尽管有的读者一般习惯于直接创建 GridCoverage 对象，但是还是建议读者通过工厂类的形式进行 GridCoverage 的创建，这样能够提供更通用化的对象创建方法，如代码清单 6-5 所示。

代码清单 6-5 工厂类的形式创建 GridCoverage

```
GridCoverageFactory factory = new GridCoverageFactory();
GridCoverage2D coverage=factory.create("GridCoverage", bufferedImage,referencedEnvelope);
```

GridCoverage 最常用的功能就是计算指定地理位置的栅格像素值，具体方法如代码清单 6-6 所示。

代码清单 6-6 计算栅格像素值

```
GridCoverage2D coverage = reader.read(null);

DirectPosition position = new DirectPosition2D(crs, x, y);
double[] sample = (double[]) coverage.evaluate(position); // 假定为双精度浮点型数组
// 执行重采样操作
sample = coverage.evaluate(position, sample);
```

GeoTools 提供了通过 GridCoverage 获取 Java 的 RenderedImage 的方法。RenderedImage 是 Java 定义的一个以栅格数据形式生成图像数据的对象的通用接口，如代码清单 6-7 所示。

代码清单 6-7 创建 RenderedImage

```
RenderedImage ri = myGridCoverage.getView(ViewType.GEOPHYSICS).getRenderedImage();
```

6.3.3 GeoTools 中的栅格图像处理

除了通过 GridCoverage 来读写或处理栅格数据，gt-coverage 模块还提供了一系列图像处理工具。这些工具是将 JAI 的图像处理函数和地理图像处理方法结合起来进行构建的。GeoTools 提供了一个 Operations 工具集，该工具集包含了一些高级图像处理工具，用户仅需输入指定的参数即可运行，从而避免了对底层细节的认知成本。该工具集通过以下流程来实现地理图像处理过程。

（1）实例化一个 Processor 对象。

（2）获取图像处理工具 Operations 的输入参数列表。

（3）对输入参数进行校验。

（4）调用 Processor 对象的 doOperation 方法，在此方法中还支持其他高级处理配置。

Operations 工具集提供了多种栅格图像处理方法，在其 Java 文档中说明了每个工具的具体含义并提供了相应的示例。由于各种栅格图像处理工具类的配置和参数过于复杂，GeoTools 提供一个静态工具类 Operations.DEFAULT，用于实现默认的参数输入和配置。

使用 GeoTools 处理栅格图像可以分成 3 个过程：栅格重采样、栅格内插、栅格裁剪。接下来我们对这 3 个过程进行介绍。

1. 栅格重采样

在处理栅格数据时，常常要进行重采样操作，原因是原先数据的栅格大小不符合我们的要求，或者在进行栅格数据配准后，像元发生倾斜，通过重采样操作可以让栅格数据的像元重新变得规则。

栅格重采样主要包括 3 种方法。最近邻法、双线性内插法和三次卷积插值法。最近邻法是把原始图像中距离最近的像元值填充到新图像中，双线性内插法和三次卷积插值法都是把原始图像附近的像元值通过距离加权平均填充到新图像中。默认情况下，采用最近邻法进行栅格重采样。GeoTools 中的栅格重采样的使用如代码清单 6-8 所示。

代码清单 6-8 栅格重采样

```
GridGeometry mygg = new GridGeometry(...);
GridCoverage2D covresample = (GridCoverage2D) Operations.DEFAULT.resample(scicov,mygg);
```

根据栅格重采样的定义可知，我们可以使用栅格重采样方法对栅格数据的坐标系进行修改。和矢量数据的坐标系转换方法不同，栅格数据的坐标系是通过一个具有坐标系的最小外接矩形和栅格的宽高定义的，因此更改栅格数据的坐标系不仅需要更改最小外接矩形的坐标系，还需要重新计算栅格宽高，GeoTools 封装了这背后一系列的复杂计算逻辑，用户通过简单的调用重采样工具即可完成，使用方法如代码清单 6-9 所示。

代码清单 6-9 通过重采样改变栅格坐标系

```
Georeferencing Transformation CoordinateReferenceSystem targetCRS =
       CRS.decode("EPSG:32632");
GridCoverage2D covtransformed =
       (GridCoverage2D) Operations.DEFAULT.resample(scicov,targetCRS);
```

2. 栅格内插

在使用 GeoTools 处理栅格图像的过程中，最重要的过程之一就是栅格内插。栅格内插是处理栅格图像最基础的一类操作，即通过周围栅格像素的值获取新像素的值的过程。GeoTools 同样提供了内插工具类实现内插，具体使用方法如代码清单 6-10 所示。

代码清单 6-10 栅格内插

```
Interpolation interp = Interpolation.getInstance(Interpolation.INTERP_BILINEAR);
GridCoverage2D covinterpol =
      (GridCoverage2D) Operations.DEFAULT.interpolate(scicov, interp);
RenderedImage ri = covinterpol.getRenderedImage();
```

3. 栅格裁剪

栅格裁剪即根据指定地理范围裁剪出所需的栅格图像的操作，GeoTools 实现栅格裁剪的方法如代码清单 6-11 所示。

代码清单 6-11 栅格裁剪

```
final AbstractProcessor processor = new DefaultProcessor(null);

final ParameterValueGroup param = processor.getOperation("CoverageCrop").getParameters();

GridCoverage2D coverage = ...{get a coverage from somewhere}...;
final GeneralEnvelope crop = new GeneralEnvelope( ... );
param.parameter("Source").setValue( coverage );
param.parameter("Envelope").setValue( crop );

GridCoverage2D cropped = (GridCoverage2D) processor.doOperation(param);
```

除了上文介绍的 3 类栅格图像处理过程中用到的栅格图像处理工具，其他 GeoTools 的栅格图像处理工具可通过代码清单 6-12 获取，每个处理工具的 Java 方法文档均有参数说明和使用示例。

代码清单 6-12 获取所有栅格处理工具

```
final DefaultProcessor proc = new DefaultProcessor(null);
for (Operation o : proc.getOperations() ){
    System.out.println(o.getName());
    System.out.println(o.getDescription());
    System.out.println();
}
```

6.4 GeoTIFF 介绍

除了栅格数据管理框架外，在空间数据领域，为了更好地管理空间栅格数据，业界也提出过一些特殊的栅格数据格式，其中最典型的就是 GeoTIFF 格式。GeoTools 也对这种格式进行了支持，本节将会对 GeoTIFF 以及 GeoTools 对它的支持进行介绍。

6.4.1 GeoTIFF 概述

GeoTIFF 是 OGC 定义的一种标准栅格图像格式。GeoTIFF 以 TIFF 格式为基础，被各类地理信息系统软件用作栅格图像的交换格式，广泛应用于各类遥感图像处理系统。OGC 在 2019 年 9 月发布了 OGC GeoTIFF 标准的 1.1 版本，该版本和之前的版本完全兼容。除了应用于遥感图像，GeoTIFF 还经常用于表达数字高程模型（Digital Elevation Model，DEM）和数字正射影像图（Digital Orthophoto Map，DOM）数据。

GeoTIFF 文件格式在世界范围内被广泛使用。开源的 libgeotiff 库和地理空间数据抽象库（Geospatial Data Abstraction Library，GDAL）对该格式的读写提供了强大的软件支持。许多商业地理信息系统和空间数据分析软件产品都支持读写 GeoTIFF 数据。更为重要的是，一种名为云优化 GeoTIFF（Cloud Optimized GeoTIFF，COG）的文件格式已经成为云计算领域内的一类通用格式，并已经为包括亚马逊云、阿里云等多家云计算厂商所支持。因此 GeoTIFF 的适用性在“云计算时代”更广。

6.4.2 GeoTools 读取 GeoTIFF 文件

GeoTools 通过 gt-geotiff 模块提供了对 GeoTIFF 文件格式的支持，该模块的引用如代码清单 6-13 所示。

代码清单 6-13 gt-geotiff 模块的引用

```
<dependency>
  <groupId>org.geotools</groupId>
  <artifactId>gt-geotiff</artifactId>
  <version>${geotools.version}</version>
</dependency>
```

GeoTools 提供了 GridFormatFinder 工厂类，用来读取各类栅格数据，如代码清单 6-14 所示。

代码清单 6-14 GridFormatFinder 的使用示例

```
File file = new File("test.tiff");

AbstractGridFormat format = GridFormatFinder.findFormat( file );
GridCoverage2DReader reader = format.getReader( file );
```

针对 GeoTIFF，GeoTools 提供了 GeoTiffReader 工具类，通过该工具类可获取 GridCoverage 对象，如代码清单 6-15 所示。

代码清单 6-15 GeoTiffReader 的使用示例

```
AbstractGridFormat format = GridFormatFinder.findFormat( file );
File file = new File("test.tiff");
GeoTiffReader reader = new GeoTiffReader(file,
        new Hints(Hints.FORCE_LONGITUDE_FIRST_AXIS_ORDER, Boolean.TRUE));
GridCoverage2D coverage = (GridCoverage2D) reader.read(null);
CoordinateReferenceSystem crs = coverage.getCoordinateReferenceSystem2D();
Envelope env = coverage.getEnvelope();
RenderedImage image = coverage.getRenderedImage();
```

6.5　本章小结

本章介绍了地理信息系统中的两大基础数据类型之一的栅格数据。本章首先介绍了栅格数据的数据结构、栅格数据在地理信息系统的常见用途。然后，本章介绍了图像金字塔的概念，其作为一种基础的栅格数据预处理方法，构建图像金字塔是各类开源和商业地理信息系统基础的栅格数据操作。接下来本章重点介绍了 GeoTools 是如何操作栅格数据的，以及 GridCoverage 对象和几个基本的栅格数据处理工具。最后，本章以当前被广泛使用的 GeoTIFF 栅格数据格式为例，讲述了 GeoTools 是如何操作 GeoTIFF 的。通过对本章的学习，读者能够获取栅格数据的一般性知识，为学习后续内容打下基础。

第 7 章

地图样式与渲染

除了空间地理信息的描述，比较重要的还有地图样式和地图渲染，因为对用户来说比较直观的还是地图。GeoTools 对地图样式和渲染也进行了支持，本章将从地图样式简介和 GeoTools 中的地图渲染两方面来进行介绍。

7.1 地图样式简介

空间数据（矢量数据和栅格数据）没有视觉信息。为了查看数据，必须对其进行样式设置。样式用于在地图上渲染数据的颜色、厚度和其他可见属性。目前，开源地理信息系统行业通常使用 OGC 定义的 SLD 规范作为通用样式规范。SLD 是使用 XML 文档实现的，GeoTools 在 gt-main 模块中具体实现了 SLD 规范。

7.1.1 架构设计

StyledLayerDescriptor 作为 OGC 的样式规范的实现，用于定义地图在 HTTP 请求和渲染中的动作。GeoTools 通过 3 个层级的类来管理地图的渲染过程。

（1）StyledLayerDescriptor 用于定义整个地图的样式信息，其类图如图 7-1 所示。

（2）StyledLayer 包含一系列的 Style 对象，用于定义图层的样式信息。

（3）Style 对象用于定义要素的样式。

GeoTools 提供了多个工厂类来创建各种 StyledLayerDescriptor 或 Style 对象，不同工厂创建的 StyledLayerDescriptor 类具有不同的属性访问级别，这主要是为了符合 OGC 的规范，具体的创建过程如代码清单 7-1 所示。

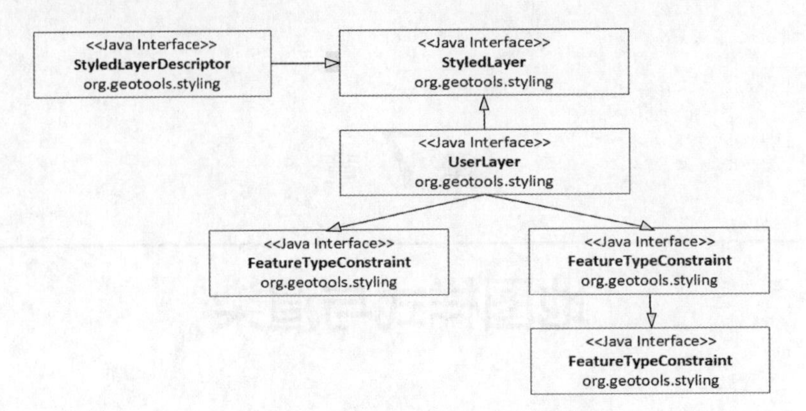

图 7-1 StyledLayerDescriptor 类图

代码清单 7-1 创建 StyledLayerDescriptor

```
StyleFactory styleFactory = CommonFactoryFinder.getStyleFactory();

StyledLayerDescriptor sld = styleFactory.createStyledLayerDescriptor();
sld.setName("example");
sld.setAbstract("Example Styled Layer Descriptor");

UserLayer layer = styleFactory.createUserLayer();
layer.setName("layer");

FeatureTypeConstraint constraint =
        styleFactory.createFeatureTypeConstraint("Feature", Filter.INCLUDE, null);

layer.layerFeatureConstraints().add(constraint);

Style style = styleFactory.createStyle();

style.getDescription().setTitle("Style");
style.getDescription().setAbstract("Definition of Style");


layer.userStyles().add(style);

sld.layers().add(layer);
```

此外，对不同的地图风格，GeoTools 也提供了很多工厂类来进行实例化，不过在不同的模块中，有不同的构建逻辑，如表 7-1 所示。

表 7-1 样式工厂类与样式规范对照表

模块	类	能力	访问范围	描述
gt-opengis	StyleFactory	get	SE	仅实现了规范中的 SE 规范
gt-main	StyleFactory	get/set	SE / SLD	除 SE 规范外，支持 GeoTools 的各类扩展
gt-main	StyleFactory2	get/set	SE / SLD	支持文本标注对象
gt-main	StyleBuilder	get/set/defaults	SE / SLD	一个帮助类，提供更优的构建 Style 对象的方法

7.1.2 符号样式

地图符号（Symbolizer）是地图样式的一个基础类型，GeoTools 在 gt-opengis 模块中具体实现了符号样式。如图 7-2 所示，GeoTools 通过 Rule 接口的名称属性来定义一个地图要素应具有哪种样式。在 Symbolizer 类中，GeoTools 提供了对样式表达式的支持，用户可以实现一个自定义的表达式来定义几何对象的样式，以此来提供一种更灵活的样式定义的方法。

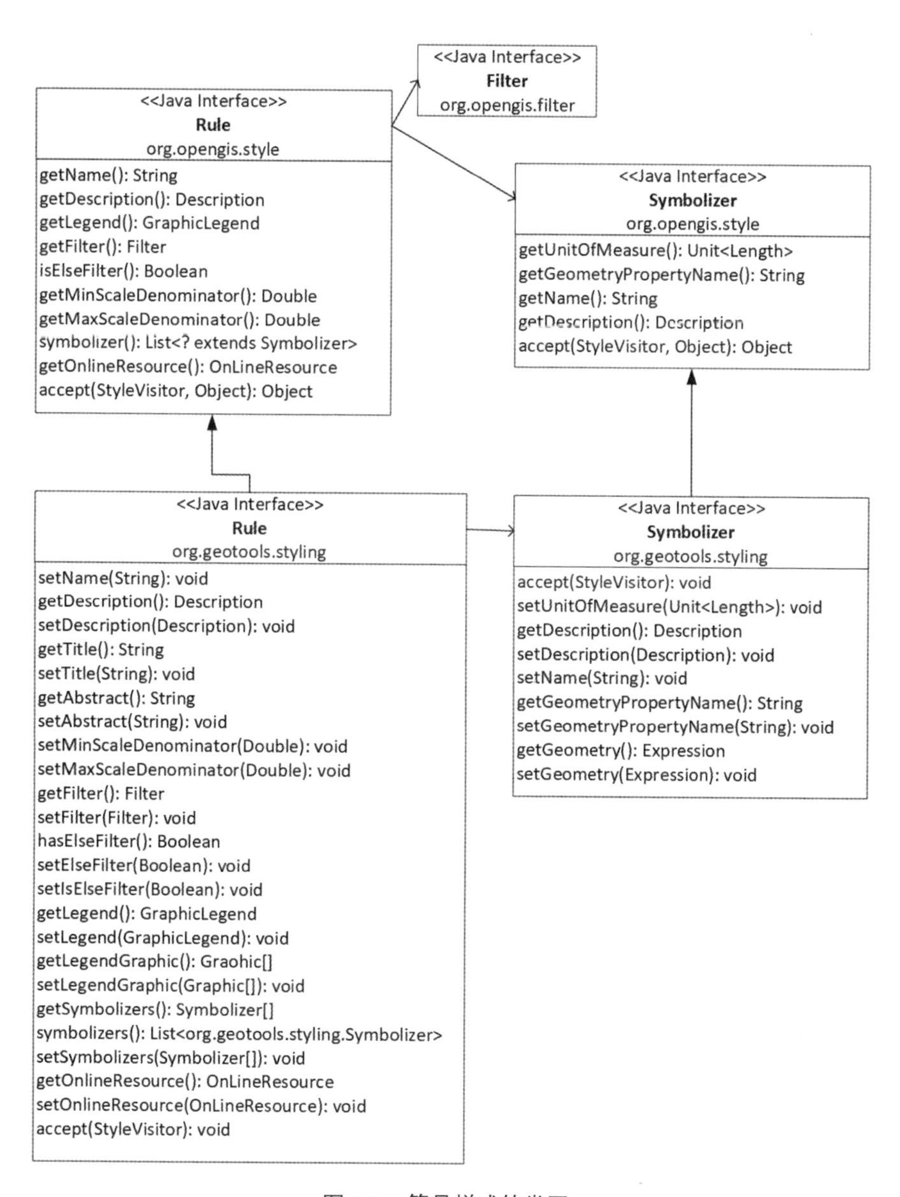

图 7-2　符号样式的类图

7.1.3 标注样式

除了符号样式,地图样式还包括地图上各类文字的标注样式。GeoTools 在 TextSymbolizer 接口中定义了标注样式的显示优先级和其他渲染过程中的设置，在 TextSymbolizer2 接口中则定义了文字中的图像或超链接等其他属性，其类图如图 7-3 所示。

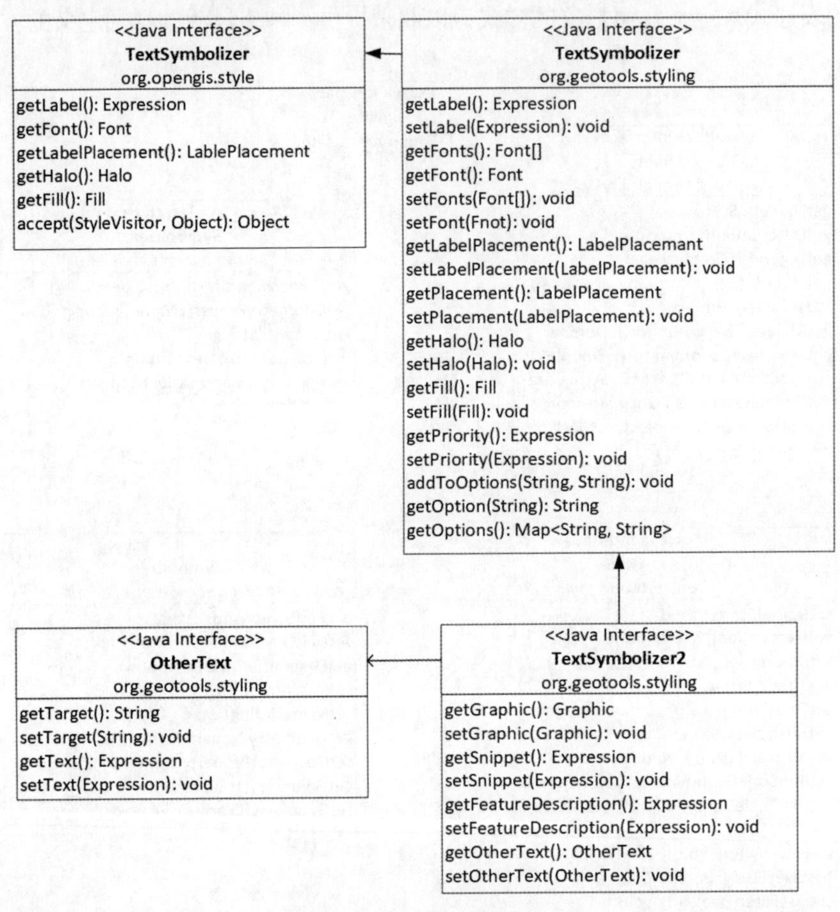

图 7-3 标注样式的类图

7.1.4 使用 SLD

除了上文所述的符号样式和标注样式，GeoTools 还提供了一个 SLD 工具类来管理样式对象，其配置方法如代码清单 7-2 所示。

代码清单 7-2 SLD 工具类的配置方法

```
SLD.setLineColour(style, Color.BLUE );
SLD.setPolyColour(style, Color.RED );
```

结合 GeoTools 的 StyleVisitor 对象和 SLD 工具类，用户即可根据不同的 Rule 接口来定义不同的颜色，如代码清单 7-3 所示。

代码清单 7-3 定义颜色

```
DuplicatingStyleVisitor repaint = new DuplicatingStyleVisitor(){
  boolean flag=false;
  public void visit(Rule rule){
       flag=rule.getName().equals("fred");

       super.visit( rule ); // 复制样式
       flag=false;
  }
  public void visit(PolygonSymbolizer polygonSymbolizer){
       super.visit( rule ); // 复制
       if( flag ){
           PolygonSymbolizer copy = getObject(); // 获取当前样式副本
           SLD.setPolyColour( copy, Color.RED );
       }
  }
};
style.accepts( repaint ):
Style modified = (Style) repaint.getObject();
```

SLD 样式一般用 XML 格式保存，GeoTools 可直接解析 XML 格式的 SLD 文件，如代码清单 7-4 所示。

代码清单 7-4 解析 SLD 文件

```
Configuration configuration = new org.geotools.sld.SLDConfiguration();
Parser parser = new Parser(configuration);

InputStream xml = new FileInputStream("markTest.sld");

StyledLayerDescriptor sld = (StyledLayerDescriptor) parser.parse(xml);
```

同样地，GeoTools 也支持将 StyledLayerDescriptor 对象保存到 SLD 文件中，如代码清单 7-5 所示。

代码清单 7-5 保存 SLD 文件

```
StyledLayerDescriptor sld = styleFactory.createStyledLayerDescriptor();
UserLayer layer = styleFactory.createUserLayer();
layer.setLayerFeatureConstraints(new FeatureTypeConstraint[] {null});
sld.addStyledLayer(layer);
layer.addUserStyle(style);

SLDTransformer styleTransform = new SLDTransformer();
String xml = styleTransform.transform(sld);
```

生成的 SLD 文件内容如代码清单 7-6 所示。

代码清单 7-6 SLD 文件内容示例

```
<StyledLayerDescriptor version="1.0.0">
   <!-- NamedLayer 标签是整个 SLD 文件的基础标签 -->
   <NamedLayer>
       <Name>A Random Layer</Name>
       <title>The title of the layer</title>
       <UserStyle>
           <Name>MyStyle</Name>
           <FeatureTypeStyle>
               <FeatureTypeName>testPoint</FeatureTypeName>
               <rule>
                   <PointSymbolizer>
                       <graphic>
                           <size>
                               <PropertyName>size</PropertyName>
                           </size>
                           <rotation>
                               <PropertyName>rotation</PropertyName>
                           </rotation>
                           <mark>
                               <wellknownname>
                                   <PropertyName>name</PropertyName>
                               </wellknownname>
                               <Fill>
                                <CssParameter name="fill">#FF0000</CssParameter>
                                <CssParameter name="fill-opacity">0.5</CssParameter>
                               </Fill>
                           </mark>
                       </graphic>
                   </PointSymbolizer>
               </rule>
           </FeatureTypeStyle>
           <FeatureTypeStyle>
               <FeatureTypeName>labelPoint</FeatureTypeName>
               <rule>
                   <TextSymbolizer>
                       <Label>
                           <PropertyName>name</PropertyName>
                       </Label>
                       <Font>
                          <CssParameter name="font-family">SansSerif</CssParameter>
                           <CssParameter name="font-Size">
                               <literal>10</literal>
                           </CssParameter>
                       </Font>
```

```
                        <LabelPlacement>
                            <PointPlacement>
                                <AnchorPoint>
                                    <AnchorPointX>
                                        <PropertyName>X</PropertyName>
                                    </AnchorPointX>
                                    <AnchorPointY>
                                        <PropertyName>Y</PropertyName>
                                    </AnchorPointY>
                                </AnchorPoint>
                            </PointPlacement>
                        </LabelPlacement>
                        <Fill>
                            <CssParameter name="fill">#000000</CssParameter>
                        </Fill>
                        <Halo/>
                    </TextSymbolizer>
                    <PointSymbolizer>
                        <graphic>
                            <size>4</size>
                            <mark>
                                <wellknownname>circle</wellknownname>
                                <Fill>
                                   <CssParameter name="fill">#FF0000</CssParameter>
                                </Fill>
                            </mark>
                        </graphic>
                    </PointSymbolizer>
                </rule>
            </FeatureTypeStyle>
        </UserStyle>
    </NamedLayer>
</StyledLayerDescriptor>
```

7.2 GeoTools 中的地图渲染

空间数据和其他类型数据最重要的区别就是空间数据需要实现额外的可视化。从实现上来说，地图渲染就是将空间数据按照样式配置导出为图片的过程。GeoTools 的 gt-render 模块专门用于实现空间数据的渲染。

GeoTools 定义了一个 GTRenderer 渲染器接口，用来定义地图的渲染，目前该接口共有两个实现类，其类图如图 7-4 所示。

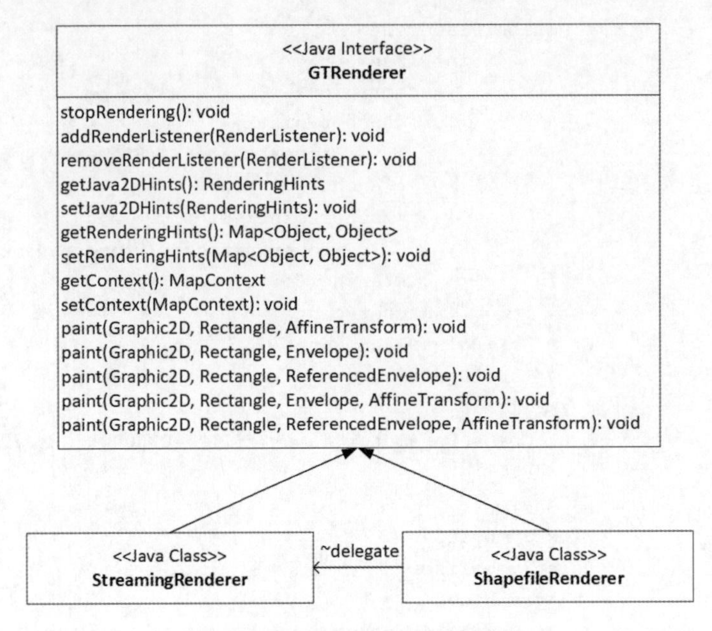

图 7-4 GTRenderer 渲染器类图

- StreamingRenderer：一个不缓存任何信息的流式地图渲染器，由于 GeoTools 对其的优秀实现，该渲染器在处理海量数据时不会出现内存超限等情况。
- ShapefileRenderer：一个针对 Shapefile 格式数据的渲染器，目前已处于废弃状态，在早期实现中有许多针对性的渲染优化，目前这些渲染优化均已经落回到 Streaming Renderer 渲染器。

地图渲染的过程如代码清单 7-7 所示。

代码清单 7-7 地图渲染

```
GTRenderer draw = new StreamingRenderer();
draw.setMapContent(map);

draw.paint(g2d, outputArea, map.getLayerBounds());
```

渲染后的图片如果需要保存，就需要调用 GeoTools 中用于保存地图渲染图片的相关方法，如代码清单 7-8 所示。

代码清单 7-8 保存地图渲染图片

```
public void saveImage(final MapContent map, final String file, final int imageWidth) {

    GTRenderer renderer = new StreamingRenderer();
    renderer.setMapContent(map);
```

```
        Rectangle imageBounds = null;
        ReferencedEnvelope mapBounds = null;
        try {
           mapBounds = map.getMaxBounds();
           double heightToWidth = mapBounds.getSpan(1) / mapBounds.getSpan(0);
           imageBounds = new Rectangle(
                   0, 0, imageWidth, (int) Math.round(imageWidth * heightToWidth));

        } catch (Exception e) {
           // 当获取图层出错时抛出异常
           throw new RuntimeException(e);
        }

    BufferedImage image =
           new BufferedImage(imageBounds.width,
                  imageBounds.height,
                  BufferedImage.TYPE_INT_RGB);

        Graphics2D gr = image.createGraphics();
        gr.setPaint(Color.WHITE);
        gr.fill(imageBounds);

        try {
           renderer.paint(gr, imageBounds, mapBounds);
           File fileToSave = new File(file);
           ImageIO.write(image, "jpeg", fileToSave);

        } catch (IOException e) {
           throw new RuntimeException(e);
        }
    }
```

7.3 本章小结

对于空间数据而言，可视化是十分重要的。本章首先介绍了 GeoTools 是如何实现 OGC 定义的 SLD 规范的，然后以代码示例的方式讲解了 StyledLayerDescriptor 的一般使用方法，之后介绍了 GeoTools 是如何实现地图渲染的。GeoTools 封装了一系列的 Java 图像操作细节，仅暴露了 GTRenderer 渲染器接口。通过这种优雅的设计，用户可以很方便地渲染空间数据而无须操作复杂的 Java 图像 API。当然，受本书篇幅所限，OGC 定义的 SLD 规范的细节未能全面介绍，有兴趣的读者可自行查询该规范。

第8章 空间查询与空间分析

前文所述的与空间数据相关的功能是为了更好地接入不同类型的数据，是 GeoTools 用来描述和操作空间数据的基本功能。除此以外，我们还可以利用 GeoTools 对空间数据进行查询和分析，本章将从以下 4 个方面来介绍 GeoTools 的空间查询和空间分析功能。

- 空间查询。
- 矢量空间分析。
- 图分析。
- 栅格空间分析。

8.1 空间查询

对空间数据进行查询是 GeoTools 中的一种非常重要的空间数据管理方法。从交互方式上看，GeoTools 兼容了上下文查询语言（CQL）以及针对空间数据的扩展上下文查询语言（Extended Contextual Query Language，ECQL）。从查询接口上看，GeoTools 实现了自己的空间查询过滤器以及空间查询对象，当然这个空间过滤器与前面所述的查询语言也能够形成映射关系。本节将会从 CQL、ECQL、空间查询过滤器以及空间查询对象这 4 个方面来介绍 GeoTools 的空间查询功能。

8.1.1 上下文查询语言

CQL 是一种标准的查询语言，它以前被称为通用查询语言（Common Query Language，CQL），用来对信息系统进行检索和查询。相比于我们熟知的 SQL，它没有过多的关键词，语言更加直观，更为简洁。

CQL 是没有 Where 关键词的，也就是说，过滤的逻辑是直接放在语句中的，如代码清单 8-1 所示。

代码清单 8-1 CQL 示例

```
QUANTITY BETWEEN 10 AND 20
POP_RANK > 6
DISJOINT(the_geom, POINT(1 2))
RELATE(geometry, LINESTRING (-134.921387 58.687767, -135.303391 59.092838), T*****FF*)
DWITHIN(the_geom, POINT(1 2), 10, kilometers)
```

可以看出，对于一些基本的查询需求，CQL 都能满足，但是有一些比较复杂的情况，CQL 就无法很好地满足需求，需要对其进行一些扩展。

8.1.2 扩展上下文查询语言

在实际的使用过程中，CQL 对一些复杂的查询场景的支持是不够的，因此 OGC 推出了 ECQL。ECQL 是 CQL 的一种扩展形式。

相比于 CQL，ECQL 实现了对一些复杂情况的扩展，例如在 ECQL 中，可以使用函数嵌套，也可以使用 IN 关键词，如代码清单 8-2 所示。

代码清单 8-2 ECQL 示例

```
INTERSECTS(buffer(the_geom,10), POINT (1 2))
length IN (4100001,4100002,4100003)
```

可以看出，ECQL 更加完善，能够支持用户定义一些功能，而且对一些标准 SQL 支持的过滤条件也进行了补充。

8.1.3 空间查询过滤器

在 GeoTools 中，已经完成了对 CQL 以及 ECQL 的从解析到校验的实现，其核心入口在 CQL 类和 ECQL 类中，它能够将我们写好的查询语句转换为 GeoTools 的空间查询过滤器，也就是 Filter 对象，其基本过程如代码清单 8-3 所示。

代码清单 8-3 ECQL 转换为空间查询过滤器示例

```
Filter filter = ECQL.toFilter("Interpolate(population,0,'#FF0000',10,'#0000FF')");
```

这个转换过程内部可以分为两个部分，一个是解析过程，另一个是校验过程。

解析过程需要将查询语句字符串结构化并生成过滤器对象，其解析逻辑如代码清单 8-4 所示。在这个过程内部，GeoTools 构造了一个栈，将中间的解析过程放入栈中，然后弹出栈，最后生成过滤器对象，具体的过程可以参考 BuildResultStack 类。

代码清单 8-4 ECQL 解析代码

```
public static Filter parseFilter(
    final String source,
    final AbstractCompilerFactory compilerFactory,
    final FilterFactory filterFactory) throws CQLException {

    ICompiler compiler = compilerFactory.makeCompiler(source, filterFactory);
    compiler.compileFilter();
    Filter result = compiler.getFilter();

    return result;
}
```

校验过程的目的就是对结构化以后的查询语句进行检查，其中包含对字段类型和字面量的检查。这部分工作主要是由 FilterFactory 接口及其子类来承担的，因此如果用户需要对校验逻辑进行自定义，就可以通过实现 FilterFactory 接口来扩展相关的功能。

8.1.4 空间查询对象

用户如果需要触发查询操作，就需要一个空间查询对象来封装相关的查询信息。在 GeoTools 中，这个任务是由 Query 对象来完成的，Query 对象的属性如代码清单 8-5 所示。

代码清单 8-5 Query 对象的属性

```
/**
 * 查询对象类
 */
public class Query {
    public static Key INCLUDE_MANDATORY_PROPS = new Key(Boolean.class);
    public static final URI NO_NAMESPACE = null;
    public static final int DEFAULT_MAX = 2147483647;
    public static final Query ALL = new ALLQuery();
    public static final Query FIDS = new FIDSQuery();
    public static final String[] NO_NAMES = new String[0];
    public static final String[] ALL_NAMES = null;
    public static final List<PropertyName> NO_PROPERTIES = Collections.emptyList();
    public static final List<PropertyName> ALL_PROPERTIES = null;
    protected List<PropertyName> properties;
    protected int maxFeatures;
    protected Integer startIndex;
    protected Filter filter;
    protected String typeName;
    protected String alias;
    protected URI namespace;
    protected String handle;
```

```
    protected CoordinateReferenceSystem coordinateSystem;
    protected CoordinateReferenceSystem coordinateSystemReproject;
    protected SortBy[] sortBy;
    protected String version;
    protected Hints hints;
    protected List<Join> joins;
```

可以看出其中声明了很多的信息，包含查询的各种条件。接下来会对其中几个比较重要的参数进行介绍。

第一个比较重要的参数是 properties，它是一个由 PropertyName 对象构成的列表，表示用户需要提取的每个属性，与 SQL 中的 SELECT 子句的内容类似。不过此处无法进行函数的嵌套，如果需要对结果进行处理，则需要用户进一步开发。

第二个比较重要的参数就是 maxFeatures，它的含义是通过查询条件获取的数量。这个数量可能并不是真实的数量，不过用户可能出于上层展示的需求，只需要其中记录的条数。这里有一个默认值 2147483647，也就是 Integer 类型能表示的最大值。

第三个比较重要的参数是 startIndex，也是 Integer 类型，它的含义是用户可以从结果的第几条数据开始取数。这个参数与上面的 maxFeatures 综合使用，可以实现类似某些数据库中的分页功能。

第四个比较重要的参数就是我们前面构造的空间过滤条件对象 filter，我们可以直接使用与之对应的 set 方法，将查询信息赋值给 Query 对象。

其他的参数用得不是很多。例如，sortBy 主要是用于对数据进行排序的；hints 是用于封装一些细粒度的查询参数的，它类似于 SQL 中的 hint；joins 是用于对多个数据源进行连接的对象。还有一些关于空间坐标系的内容，一般情况下，坐标系使用的是国际通用的 WGS-84 坐标系，在一些情况下也可能会使用到其他坐标系，用户需要根据具体需要来对 Query 进行改造。

8.2 矢量空间分析

空间矢量数据在地理信息系统行业中是非常重要的，其一般不存在模式化的分析处理方法，因为它具有多样性和很高的复杂性。不过我们可以根据输出结果，将矢量空间分析区分为输出另一个空间数据集的空间拓扑计算和确定不同数据集之间的空间关系计算，本节将会对这两种计算方式进行介绍。

空间拓扑计算是通过一系列基于一个或者多个几何图形中点间的逻辑比较，然后返回另外一些几何图形，这个过程就是空间几何图形的拓扑运算。

空间几何图形的拓扑运算包括相交（intersection）、合并（union）和差分（difference）等。空间拓扑计算的理论基础是本书第 3 章介绍的空间关系，通过空间九交模型（DE-9IM），空间数据具有不同的空间关系。空间拓扑计算可简单地理解为基于这些空间关系，可以求取空间数据的交集、并集和补集以及其他派生空间数据的过程。

如图 8-1 所示，已知两个相交的多边形 a、b，针对多边形 a、b 来说，相交计算就是计算两个多边形的相交部分，若多边形之间的空间关系为不相交，则返回空。合并计算就是若多边形相交，则合并相交多边形的公共边后，返回合并的多边形，若多边形不相交，则将多边形（polygon）合并为 OGC 的 MultiPolygon 数据返回。差分计算就是返回两个多边形不相交的部分，若两个多边形的空间关系不相交，则返回两个多边形本身。两个不相交多边形的拓扑计算逻辑如图 8-2 所示。

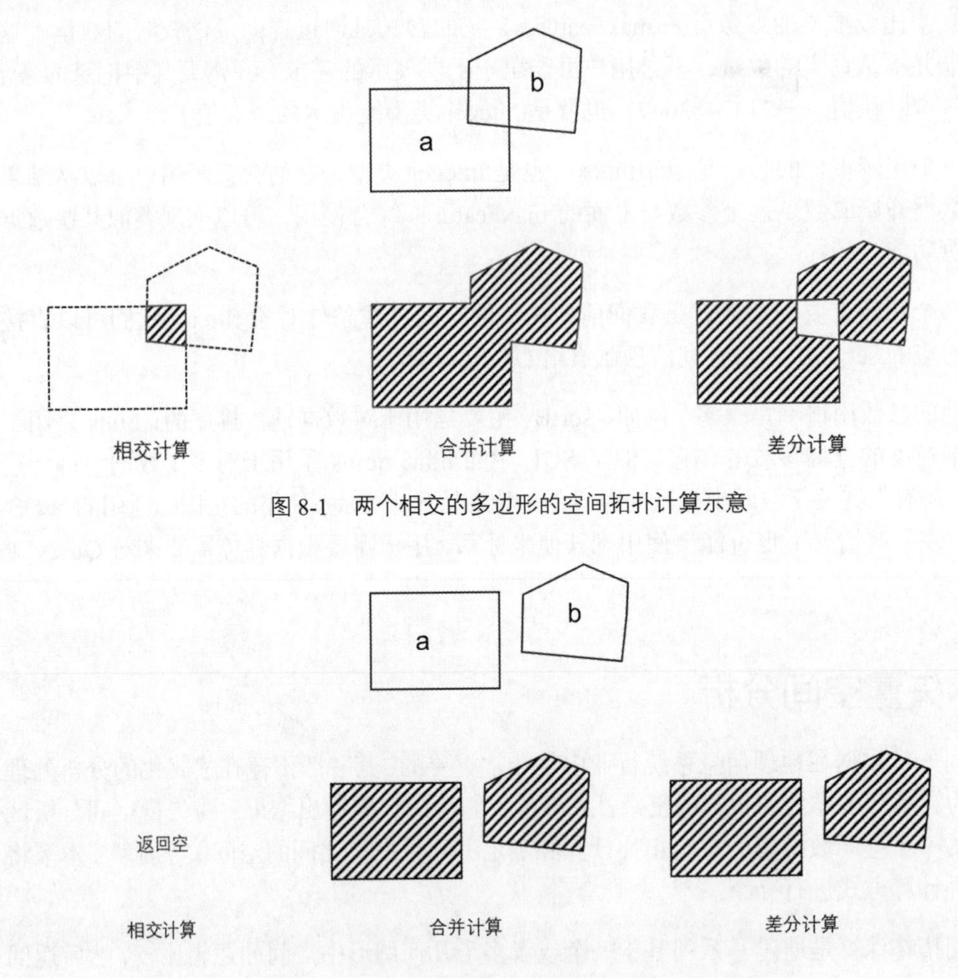

图 8-1 两个相交的多边形的空间拓扑计算示意

图 8-2 两个不相交的多边形的空间拓扑计算示意

除了基于空间九交模型的拓扑计算，GeoTools 还包含了许多常用的几何算法，包括空间距离计算（distance）、缓冲区分析（buffer）和凸包计算（convex hull）等。空间距离计算是根据空间数据自身的坐标，计算两个空间数据的欧氏距离，当空间数据的几何类型为点时，直接计算，若为其他高维几何类型，则返回两个空间数据中的最近点对的距离，返回距离单位与空间数据自身的坐标单位一致。缓冲区分析是给定一个空间对象和缓冲区半径，然后根据缓冲区半径，返回空间数据外扩后的对象。缓冲区分析是应用最广泛的一种矢量空间分析算法，广泛应用于周边兴趣点查询、选址分析等业务应用中。凸包计算则是计算几何中常用的经典算法，即给定一个点的集合，获取包括这些点的最小外接多边形。以上这些空间拓扑计算都包含在 GeoTools 的 Geometry 类中，用户可以方便地以工具类的形式调用。

8.3 图分析

前面讲述了比较通用的矢量空间分析，还有一种比较特殊的类型的空间数据需要分析，那就是图。这个图并不是传统意义上的图片，而是数据结构中的图。它是一种比较复杂的数据结构类型，本质上是一些顶点和一些边的集合，表示多对多的对应关系。在空间数据分析当中，这种数据类型仍然是非常重要的，本节将会对 GeoTools 中对图数据类型的使用方法进行讲解。

8.3.1 图概述

在讲解 GeoTools 中图模块的使用方法之前，我们需要先了解一下什么是图。图是一种由顶点和连接每对顶点的边所构成的数据结构类型，如图 8-3 所示。

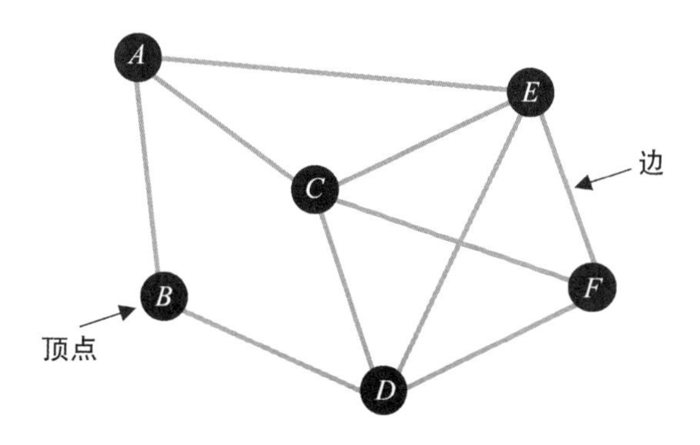

图 8-3 图的数据结构示意

上图中的圆圈叫作“顶点”（vertex），连接顶点的线叫作“边”（edge），它被用来表现对象和对象之间的“多对多”的复杂关系。除了这两个概念，在一些情况下，边还涉及权重的概念，也就是边会有其相关的值。例如，当顶点代表某些地点时，一条边的权重就可以表示与这条边相关联的顶点间的距离。

如果给图的每条边都规定方向，那么得到的图被称为有向图。在有向图中，从一个顶点出发的边的数量被称为该点的出度，而指向一个顶点的边的数量被称为该点的入度。相反，没有规定边的方向的图被称为无向图。这个特性在空间数据的管理中也是经常会用到的，例如，城市路网就是利用图来存储对应的数据的，城市中有一些道路是双向道路，有一些是单向道路，因此需要在路网中标识出这些道路的方向。

8.3.2 GeoTools 中图对象的构建

为了比较好地利用图来精确描述实际的空间数据信息，GeoTools 也支持了对图的扩展。在 GeoTools 中，可以使用 gt-graph 来管理图，其依赖如代码清单 8-6 所示。

代码清单 8-6 gt-graph 的依赖

```
<dependency>
  <groupId>org.geotools</groupId>
  <artifactId>gt-graph</artifactId>
  <version>${geotools.version}</version>
</dependency>
```

在 GeoTools 的 gt-graph 模块中，它提供了便捷且比较灵活的 API，能够支持图的构建和查询。除了上述这些基本功能，gt-graph 模块也对有向图和无向图的相关特性进行了支持。

由于 gt-graph 模块是根植于 GeoTools 的，因此它的数据封装逻辑依然是遵循 Feature、FeatureType 这样的层级结构的。图对象的构建示例如代码清单 8-7 所示。

代码清单 8-7 利用图生成器来构建图对象

```
final LineGraphGenerator generator = new BasicLineGraphGenerator();
SimpleFeatureCollection fc = featureSource.getFeatures();

fc.accepts(
        new FeatureVisitor() {
            public void visit(Feature feature) {
                generator.add(feature);
            }
        },
        null);
Graph graph = generator.getGraph();
```

同样，我们也可以基于图对象来构建 SimpleFeature 的集合，如代码清单 8-8 所示。

代码清单 8-8 基于图对象来构建 SimpleFeature 集合

```
SimpleFeatureCollection features = new DefaultFeatureCollection();
for ( Iterator e = graph.getEdges().iterator(); e.hasNext(); ) {
   Edge edge = (Edge) e.next();
   SimpleFeature feature = (SimpleFeature) e.getObject();

   features.add( feature );
}
```

8.3.3 最短路径算法

前面讲述了在 GeoTools 中如何构建图对象，那么如何使用图对象进行分析呢？对图对象最经典的分析就是计算最短路径。比如，地图上有一些城市，这些城市彼此之间可能会有一些道路，这些道路是有长度的。对于其中任意的两个城市，我们需要找到从一座城市到另一座从城市的最短路径。这样的最短路径问题，可以使用迪杰斯特拉（Dijkstra）算法和 A*算法来解决。

迪杰斯特拉算法是典型最短路径算法，用于计算一个节点到另一个节点的最短路径。它的主要特点是以起始点为中心向外层扩散，直到扩散到终点为止。

8.3.4 GeoTools 中最短路径算法的使用

在 GeoTools 中，对图数据结构比较重要的分析功能是最短路径算法的使用，在这方面，它主要实现了两种算法：迪杰斯特拉算法和 A*算法。其具体的使用方法也是很简单的，以迪杰斯特拉算法为例，用户可以在原先图对象的基础上，对内部的边添加权重。然后调用迪杰斯特拉算法的相关接口，执行计算操作就能获取到最短路径。具体的调用过程如代码清单 8-9 所示。

代码清单 8-9 使用迪杰斯特拉算法进行最短路径的计算

```
//构造一个图对象，可以参考前文中对图对象的构造
Graph graph = ......

// 找到一个起点，这个需要用户指定
Node start = ......

// 构造针对图对象的权重策略，在这里我们用的是空间数据的长度
DijkstraIterator.EdgeWeigter weighter = new DijkstraIterator.EdgeWeighter() {
   public double getWeight(Edge e) {
      SimpleFeature feature = (SimpleFeature) e.getObject();
      Geometry geometry = (Geometry) feature.getDefaultGeometry();
      return gometry.getLength();
   }
}
```

```
// 构造一个图遍历对象，这个对象是跟具体的分析算法相关的，在这里我们使用的是迪杰斯特拉算法
DijkstraShortestPathFinder pf = new DijkstraShortestPathFinder( graph, start, weighter );
pf.calculate();

// 寻找一些目的地来计算路径
List<Node> destinations = ...

// 计算路径
for ( Iterator d = destinations.iterator(); d.hasNext(); ) {
  Node destination = (Node) d.next();
  Path path = pf.getPath( destination );

  // 对路径对象进行一些内部操作
  ......
}
```

在这里我们看到有一个图遍历对象，也就是 DijkstraShortestPathFinder 对象，这个就是在图中进行遍历时的遍历策略，与具体的分析算法相绑定，在这个代码示例中我们采用的是迪杰斯特拉算法。GeoTools 也提供了 A*算法的相关实现，使用方法也基本类似。GeoTools 使用的是 SPI 机制来对相关的算法进行封装和调用，用户也可以基于这种方式实现对图对象的其他算法操作。

8.4 栅格空间分析

与前面介绍的矢量数据不同，栅格数据是另一种数据类型，它像一幅地图，描述了某区域的位置和特征，以及其在空间中的相对位置。因此栅格空间分析与前面介绍的矢量空间分析大不相同，GeoTools 也实现了很多与栅格空间分析相关的功能，其中比较重要的是栅格重投影功能。本节将会对栅格空间分析相关的内容进行介绍。

8.4.1 栅格重投影

一般情况下，栅格数据都会存在一些内置参数，例如栅格数据的坐标系等。但是栅格数据的坐标系往往无法适配所有的情况，需要对坐标系等关键的内置参数进行重新匹配和纠偏，这个过程就是栅格重投影的过程。我们在此给出一个简单的示例来展示栅格重投影功能是如何使用的，如代码清单 8-10 所示。

代码清单 8-10 栅格重投影示例

```
// 读取文件并构造文件对象
File file = ……
GeoTiffReader reader =
```

```
        new GeoTiffReader(file,
            new Hints(Hints.FORCE_LONGITUDE_FIRST_AXIS_ORDER, Boolean.TRUE));
    GridCoverage2D coverage = reader.read(null);
    // 获取当前栅格数据的坐标系
    CoordinateReferenceSystem crs = coverage.getCoordinateReferenceSystem2D();
    System.out.println(String.format("源坐标系为： %s", crs.getName()));
    final CoordinateReferenceSystem WGS = CRS.decode("EPSG:3857");
    // 执行栅格重投影操作
    GridCoverage2D new2D = (GridCoverage2D)Operations.DEFAULT.resample(coverage, WGS);
    // 获取重投影后的坐标系信息
    CoordinateReferenceSystem newCrs = new2D.getCoordinateReferenceSystem2D();
    System.out.println(String.format("新坐标系为： %s", newCrs.getName()));
```

这个过程其实非常简单，就是对读取出来的栅格数据进行栅格重投影操作。在这个过程中，输出栅格重投影前和栅格重投影后的坐标系信息，则栅格重投影前的坐标系输出为“EPSG:WGS 84”，经过栅格重投影以后，坐标系被转换成了“EPSG:WGS 84 / Pseudo-Mercator”。

8.4.2 常用栅格空间分析实例

GeoTools 提供的栅格空间分析的算子是非常少的，用户往往需要结合自己的业务场景进行整合。本小节会以示例的方式，通过 DEM 坡度计算以及遥感影像变化检测分析这两个场景，介绍如何基于 GeoTools 的现有能力来进行栅格空间分析。

1. DEM 坡度计算

在地理信息系统中，DEM 数据是包含高程的一类数据模型，一般用来描述山体，也可以用栅格数据进行描述。对 DEM 数据的各种分析中比较重要的分析操作是对 DEM 数据的坡度进行计算。GeoTools 中没有直接的操作能够完成该计算，需要我们实现具体的编码。

首先，我们需要计算指定像素点的坡度，如代码清单 8-11 所示。

代码清单 8-11 计算坡度

```
public float calcSlope(int cellX, int cellY, PlanarImage image) throws IOException {
    DecimalFormat df = new DecimalFormat("#.0000");
    final int[] dest = null;
    int e = image.getTile(image.XToTileX(cellX),
            image.YToTileY(cellY)).getPixel(cellX, cellY, dest)[0];
    int e1 = image.getTile(image.XToTileX(cellX - 1),
            image.YToTileY(cellY)).getPixel(cellX - 1, cellY, dest)[0];
    int e2 = image.getTile(image.XToTileX(cellX),
            image.YToTileY(cellY - 1)).getPixel(cellX, cellY - 1, dest)[0];
    int e3 = image.getTile(image.XToTileX(cellX + 1),
            image.YToTileY(cellY)).getPixel(cellX + 1, cellY, dest)[0];
    int e4 = image.getTile(image.XToTileX(cellX),
            image.YToTileY(cellY + 1)).getPixel(cellX, cellY + 1, dest)[0];
```

```
        int e5 = image.getTile(image.XToTileX(cellX - 1),
                image.YToTileY(cellY - 1)).getPixel(cellX - 1, cellY - 1, dest)[0];
        int e6 = image.getTile(image.XToTileX(cellX + 1),
                image.YToTileY(cellY - 1)).getPixel(cellX + 1, cellY - 1, dest)[0];
        int e7 = image.getTile(image.XToTileX(cellX + 1),
                image.YToTileY(cellY + 1)).getPixel(cellX + 1, cellY + 1, dest)[0];
        int e8 = image.getTile(image.XToTileX(cellX - 1),
                image.YToTileY(cellY + 1)).getPixel(cellX - 1, cellY + 1, dest)[0];
    double slopeWE = ((e8 + 2 * e1 + e5) - (e7 + 2 * e3 + e6)) / (8 * 2041.823085);
    // 东西方向坡度
    double slopeNW = ((e7 + 2 * e4 + e8) - (e6 + 2 * e2 + e5)) / (8 * 2041.823085);
    // 南北方向坡度
    double slope = 100*(Math.sqrt(Math.pow(slopeWE, 2) + Math.pow(slopeNW, 2)));
    return Float.parseFloat(df.format(slope));
    }
```

然后，我们将实现具体的调用过程，如代码清单 8-12 所示。

代码清单 8-12 具体的调用过程

```
@Test
public void testCalcSlope() throws NoSuchAuthorityCodeException,
        FactoryException, IOException {
    String path = ......
    String outputPath = ......
    File file = new File(path);

    // 设置图像的默认设置
    Hints tiffHints = new Hints();
    tiffHints.add(new Hints(Hints.FORCE_LONGITUDE_FIRST_AXIS_ORDER,
            Boolean.TRUE));
    // 默认坐标系 EPSG:3857
    tiffHints.add(new Hints(Hints.DEFAULT_COORDINATE_REFERENCE_SYSTEM,
            DefaultGeographicCRS.WGS84));

    GeoTiffReader reader = new GeoTiffReader(file, tiffHints);
    GridCoverage2D coverage = reader.read(null);
    Envelope env = coverage.getEnvelope();
    PlanarImage image = (PlanarImage) coverage.getRenderedImage();
    int width = image.getWidth(); // 图像的宽
    int height = image.getHeight(); // 图像的高

    // 计算每个栅格的坡度
    float[][] slopeData = new float[height][width];
    for (int i = 1; i < height + 1; i++) {
        for (int j = 1; j < width + 1; j++) {
            float slope = SlopeUtil.INSTANCE.calcSlope(j, i, image);
            slopeData[i - 1][j - 1] = slope;
        }
    }
```

```
    GridCoverageFactory factory = new GridCoverageFactory();
    GridCoverage2D outputCoverage = factory.create("test", slopeData, env);
    GeoTiffWriter writer = new GeoTiffWriter(new File(outputPath));
    writer.write(outputCoverage, null);
    writer.dispose();
}
```

2. 遥感影像变化检测分析

众所周知，遥感影像数据是典型的栅格数据，而不同时间、同一位置的影像数据可能会有一些偏差，因此就产生了一些相关的需求，比如需要求出区域内影像变化部分，并矢量化成 GeoJSON 数据返回给前端等。GeoTools 并没有直接提供相关的功能，不过我们可以编写一些代码，以完成相关的操作。

首先对两个影像进行相减与二值化操作。所谓影像相减就是让两个影像进行比对，求出差异部分。二值化操作则是指将影像上的像素点的灰度值设置为 0 或 255，也就是将整个影像呈现出明显的黑白效果的过程。其操作如代码清单 8-13 所示。

代码清单 8-13　影像相减和二值化操作

```
public GridCoverage2D tiffSubtract(String sourceTiffPath,
                                   String targetTiffPath,
                                   float diffLimit) throws IOException {
    File sourceTiff = new File(sourceTiffPath);
    File targetTiff = new File(targetTiffPath);

    if (!sourceTiff.exists() || !targetTiff.exists()) {
        throw new FileNotFoundException(sourceTiffPath + " or " +
                targetTiffPath + " do not exist!");
    }

    // 使用中间数据存储路径
    String tempTiff = sourceTiff.getParent() + File.separator + "output.tiff";

    //文件坐标系设置
    Hints tiffHints = new Hints();
    tiffHints.add(new Hints(Hints.FORCE_LONGITUDE_FIRST_AXIS_ORDER, Boolean.TRUE));
    tiffHints.add(new Hints(Hints.DEFAULT_COORDINATE_REFERENCE_SYSTEM,
          DefaultGeographicCRS.WGS84));
    GeoTiffReader sourceReader = new GeoTiffReader(sourceTiff, tiffHints);
    GeoTiffReader targetReader = new GeoTiffReader(targetTiff, tiffHints);
    GridCoverage2D sourceCoverage = sourceReader.read(null);
    GridCoverage2D targetCoverage = targetReader.read(null);
    RenderedImage sourceImage =
           sourceCoverage.getRenderableImage(0, 1).createDefaultRendering();
    RenderedImage targetImage =
           targetCoverage.getRenderableImage(0, 1).createDefaultRendering();
    Raster sourceRaster = sourceImage.getData();
```

```
    Raster targetRaster = targetImage.getData();
    int width = sourceRaster.getWidth();
    int height = sourceRaster.getHeight();
    Envelope2D sourceEnv = sourceCoverage.getEnvelope2D();
    float[][] difference = new float[height][width];
    float s;
    float t;

    // 修改算法，提取差异值大于阈值的部分
    // 将影像二值化
    for (int x = 0; x < width - 1; x++) {
        for (int y = 0; y < height - 1; y++) {
            s = sourceRaster.getSampleFloat(x, y, 1);
            t = targetRaster.getSampleFloat(x, y, 1);
            float diff = t - s;
            if (diff > diffLimit) {
                difference[y][x] = 100f;
            } else {
                difference[y][x] = 0f;
            }
        }
    }
    GridCoverageFactory factory = new GridCoverageFactory();
    GridCoverage2D outputCoverage =
            factory.create("subtractTiff", difference, sourceEnv);
    GeoTiffWriter writer = new GeoTiffWriter(new File(tempTiff));
    writer.write(outputCoverage, null);
    writer.dispose();
    return outputCoverage;
}
```

然后调用 GeoTools 的 PolygonExtractionProcess 对象对影像相减操作的结果进行矢量化。这一步主要是为了抽取矢量数据，具体操作如代码清单 8-14 所示。

代码清单 8-14 对影像相减的结果进行矢量化

```
public String polygonExtraction(GridCoverage2D tiffCoverage, String shpPath)
        throws Exception {
    PolygonExtractionProcess process = new PolygonExtractionProcess();
    SimpleFeatureCollection features =
        process.execute(tiffCoverage, 0, Boolean.TRUE, null, null, null, null);

    features = this.polygonPostprocess(features, 10d);
    SimpleFeatureType type = features.getSchema();

    this.toGeoJSON(features);
    return shpPath;
}
```

当然，矢量化以后的结果可能并不是特别规整，需要进行一些修正，如对矢量化后的多边形对象进行过滤、删除面积过小的细碎多边形等，如代码清单 8-15 所示。

代码清单 8-15 修正矢量化结果

```
private SimpleFeatureCollection polygonPostprocess(SimpleFeatureCollection features,
                                         double areaLimit) throws Exception {
    //坐标转换,从 4326 转成 3857
    CoordinateReferenceSystem dataCRS = DefaultGeographicCRS.WGS84;
    CoordinateReferenceSystem targerCRS = CRS.decode("EPSG:3857");
    boolean lenient = true; //该设置允许坐标转换中的误差
    MathTransform transform = CRS.findMathTransform(dataCRS, targerCRS, lenient);
    final SimpleFeatureType TYPE = DataUtilities.createType("Location",
          "the_geom:Polygon:srid=3857,DN:String,Area:Double");
    List<SimpleFeature> projectedFeatureList = new ArrayList<SimpleFeature>();
    GeometryFactory geometryFactory = JTSFactoryFinder.getGeometryFactory();
    WKTReader reader = new WKTReader(geometryFactory);
    SimpleFeatureBuilder builder = new SimpleFeatureBuilder(TYPE);
    SimpleFeatureIterator iterator = features.features();
    try {
        while (iterator.hasNext()) {
           SimpleFeature feature = iterator.next();
           Polygon polygon = (Polygon) feature.getDefaultGeometry();
           polygon = (Polygon) JTS.transform(polygon, transform);
           double area = polygon.getArea();
           // 多边形面积大于阈值
           if (area >= areaLimit) {
               builder.add(polygon);
               builder.add(feature.getAttribute(1).toString());
               builder.add(area);
               SimpleFeature tempFeature = builder.buildFeature(null);
               projectedFeatureList.add(tempFeature);
           }
        }
    } finally {
       iterator.close();
    }
    return new ListFeatureCollection(TYPE, projectedFeatureList);
}
```

最后，将结果封装成 GeoJSON 格式并输出，如代码清单 8-16 所示。

代码清单 8-16 封装结果并输出

```
private void toGeoJSON(SimpleFeatureCollection featureCollection) {
    SimpleFeatureIterator it = featureCollection.features();
    GeoJsonWriter geoJsonWriter = new GeoJsonWriter();
    while(it.hasNext()) {
        SimpleFeature tempFeature = it.next();
        Geometry geometry = (Geometry) tempFeature.getDefaultGeometry();
```

```
            String json = geoJsonWriter.write(geometry);
            System.out.println(json);
        }
    }
```

8.5 本章小结

空间查询和空间分析是整个空间数据管理过程中重要且核心的部分，其中包含对用户的交互方式、内部的核心算法，以及矢量数据和栅格数据的不同处置策略。本章首先介绍了 GeoTools 中采用的 CQL 和 ECQL，展示了用户如何通过一些语句来进行空间查询；然后对空间查询所支持的功能也进行了介绍；最后就是空间分析的介绍，其中包含矢量数据的空间分析和栅格数据的空间分析两部分，为读者展现了 GeoTools 在相关场景下的具体操作方法。

第 9 章

GeoTools 使用数据库

在信息化建设中，数据库是非常重要的技术组件，因为很多数据都是存储在数据库中的。对数据库的使用方式直接决定了数据的获取效率，因此 GeoTools 在这方面也进行了支持。不过数据库分成多种类型，有关系数据库和非关系数据库，GeoTools 对这两类数据库都是支持的。本章将从以下 3 个方面来介绍 GeoTools 是如何使用数据库的。

- 数据库系统。
- GeoTools 对关系数据库的支持。
- GeoTools 对非关系数据库的支持。

9.1 数据库系统

数据库是计算机软件中的一个基础组件，也是信息化建设的基础。那么数据库到底是什么呢？它有哪些种类呢？对于空间数据，它有什么样的特殊策略呢？本节将针对这 3 个问题展开讲解。

9.1.1 什么是数据库

数据库的全称是数据库管理系统（Database Management System，DBMS），是一种支持管理、维护、存储、查询数据等的大型软件，用户可以通过数据库来对数据进行查询。

数据库往往会通过提供一些接口来实现对数据的管理，从通用的角度来看，大部分 DBMS 都支持数据定义、数据操作、数据查询、数据控制、事务控制等基本功能。在接口层面上，他们会呈现为不同的接口语言，例如数据定义语言（Data Definition Language，DDL）、数据操纵语言（Data Manipulation Language, DML）、数据查询语言（Data Query Language，DQL）、数据控制语言（Data Control Language，DCL）、事务控制语言（Transaction Control Language，TCL）等。

当然随着数据库的不断发展，上述的基本功能已经难以满足如今的业务需求了，数据库也因此衍生出了很多其他的功能，例如数据的加密解密、数据的质检等。这些功能为用户更好地管理数据提供了极大的便利。同时，数据库也在各种业务场景中扮演越来越重要的角色，成为计算机软件中的基础组件。

9.1.2 数据库的分类

经过多年的发展，数据库现如今呈现“百家争鸣”的状态。一般情况下，数据库是根据数据组织结构来分类的。早期，数据库通常被分为层次数据库、网络数据库、关系数据库。但是由于关系数据库更加便于组织和管理数据，因此前两种数据库就使用得越来越少，关系数据库“一家独大”。

然而进入“大数据时代”以来，很多业务系统都出现了对半结构化数据和非结构化数据的需求，传统的关系数据库并不能解决相关的问题，因此非关系数据库在很多场景下开始被使用。

目前，数据库也主要可以被分成关系数据库和非关系数据库。

1. 关系数据库

关系数据库，顾名思义，是使用关系模型来对数据进行管理的数据库。关系模型是 1970 年由 IBM 研究员埃德加·科德博士在“A Relational Model of Data for Large Shared Data Banks”一文中提出的。关系模型的理论基础是集合论，不同数据集之间通过关系来组织数据，而实体和实体之间是通过二维表的方式来进行组织的，也就是我们比较常用的表格形式。

通过关系模型来对数据进行组织是有很多好处的，主要有以下 4 点。

（1）数据以行列的方式进行存储，读取和查询都非常方便。

（2）在存储结构上，关系数据库按照结构化的方式来管理数据，每张表有哪些列是确定的，即其具有较强的稳定性，这样对于一些需求固定的场景是很有好处的。

（3）从查询方式来说，关系数据库通常会采用 SQL 来管理数据，非常方便。而且 SQL 已经成为行业标准，大多数关系数据库都使用这个标准，容易实现接口层的统一。

（4）在对事务的支持方面，关系数据库通常都会支持与事务相关的特性：原子性（atomicity）、一致性（consistency）、隔离性（isolation）、持久性（durability）。这些特性与金融领域偏事务业务中的需求是非常契合的，能够保证交易的安全。

如今，关系数据库的产品种类繁多，其中比较有代表性的是 MySQL 和 PostGIS，这方面的内容，后文中会详细介绍。

2. 非关系数据库

随着互联网行业的兴起，出现了很多新的业务需求，例如网站需要管理诸如文件、图片、流媒体等半结构化或者非结构化的数据，用户往往不能预先指定好数据对应的格式或者说数据本身就没有固定格式可言。但是这些问题正是非关系数据库可以解决的，非关系数据库也因此成为如今的大数据场景下的新的“宠儿”。

非关系数据库有很多特性，可以保证它在一些特定场景下的适配性及高效性。

（1）非关系数据库比较容易扩展。在传统关系数据库中，底层存储往往使用的是 B+树这样的更适合单机的索引；而非关系数据库使用的数据管理方案可以使它更加容易扩展，尤其是在处理海量数据的情况下，非关系数据库可以根据业务需求进行动态的扩容和缩容。

（2）非关系数据库没有使用严格的关系模型，也就是说它对内部数据的管理更加灵活，用户可以根据自己的业务需求来动态增减字段。这样的特性使它非常适合用于用户行为数据的存储，因为用户的输入是不断变化的，这样的设计可以极大地降低更改表结构的成本。

（3）非关系数据库往往是集群化部署的，不同节点之间是通过分布式一致性协议来管理的，这样能够实现高可用。如果某一个节点出现问题，其他节点可以迅速补位而不至于中断服务。例如 HBase 是一种典型的非关系数据库，在生产环境中，它一般是集群化部署的，如果主节点出现故障，它的数据节点会迅速选出新的主节点来提供服务；如果数据节点出现故障，也可以从存活节点中拉取数据。

（4）从数据模型的角度来看，非关系数据库可以存储诸如文件、音频、视频等资源，在很多互联网场景下都有较强的适应性，这也是如今的非关系数据库发展迅速的原因。

现在的非关系数据库产品有很多，例如 MongoDB、Elasticsearch 等，后文会对这些数据库进行详细的介绍。

9.1.3 空间数据库

不同的业务场景中，往往会有针对性的数据库来管理相应的数据。对于空间数据这种特殊的数据，也有对应的空间数据库来进行管理。由于空间数据有一定的特殊性，它不仅具有普通对象的属性特征，还具有与地理位置相关的空间特征，因此空间数据库针对这些情况进行了相应的扩展，主要体现在以下 3 个方面。

（1）空间数据库能够管理海量的空间数据。空间数据的数据量比较庞大，一方面是因为很多空间数据本身就很复杂，所以单条记录占用的空间比较大；另一方面是因为空间数据涵盖的类型很多，例如地球表面信息、地质观测信息、大气信息以及行政边界信息等都属于空间数据，数据量往往能够达到 GB 级。空间数据库是能够通过自身的特殊设计管理这些数据的。

（2）在数据模型方面，空间数据中的属性数据、图形图像数据和空间关系数据，空间数据库都进行了支持。对于属性数据，比较通用的数据库已经做得很好了。图形图像数据则是非结构化的数据，传统的通用关系数据库无法对其进行很好的支持。空间关系数据对于通用数据库来说，是新的数据模型，需要特殊处理。对这些数据的支持是空间数据库的特殊之处。

（3）空间数据库也支持空间数据特有的查询和分析操作。在传统的数据库场景下，数据库管理的数据都是数值、时间、字符串这样的通用数据类型，因此其查询方式也有局限性。但是在空间数据场景中，数据的查询和分析操作就很不一样。在查询方面，需要对数据进行空间范围查询；在分析方面，则需要对空间数据进行缓冲区分析、区域转换、叠置分析、最近邻分析等。这些都是传统数据库无法支持的，但是空间数据库对这些操作都进行了支持，使它更加符合与空间数据管理相关的业务场景。

时至今日，空间数据库也形成了一个大类，相关的产品层出不穷，本书选取其中经典的 PostGIS 进行介绍，将会在下一节对它的使用方式等进行详细的说明。

9.2 GeoTools 对关系数据库的支持

GeoTools 提供了针对关系数据库的接口，由于现有的关系数据库大多是使用 JDBC 来进行连接的，因此 GeoTools 主要是对 JDBC 的相关接口进行封装。本节会对 JDBC 以及 GeoTools 对 JDBC 的扩展方式进行介绍，然后对主要的关系数据库以及 GeoTools 针对这些关系数据库的使用方式进行阐述。

9.2.1 JDBC 简介

JDBC 的全称是 Java DataBase Connectivity，即 Java 数据库互联，它是一种通过 Java 语言来调用数据库能力的 API。

它主要包含以下几层结构。

- DriverManager：负责加载不同数据库的连接驱动程序（Driver）。
- Driver：这是不同数据库的连接驱动程序，用户可以通过它创建对应的数据库连接（Connection）对象。
- Connection：数据库连接对象，主要负责数据库的连接和通信。当然其中也包含很多其他的信息，例如用户名称、密码等。

- Statement：执行 SQL 语句的对象，负责封装查询和更新逻辑，通过对应的数据库连接对象创建。
- ResultSet：用户执行查询和更新操作以后获取到的结果集，Statement 对象执行 SQL 完的结果即为 ResultSet 对象。

我们可以看出，JDBC 的调用是层层递进的，下级对象是由上级对象创建的，结构是很清晰的，调用方面也非常简单，我们在此给出一个示例，如代码清单 9-1 所示。

代码清单 9-1　JDBC 使用示例

```
String URL = "jdbc:mysql://localhost:3306/geotools";
public static final String USER = "gt_test";
public static final String PASSWORD = "123456";

//1.加载驱动程序
Class.forName("com.mysql.jdbc.Driver");

//2. 获得数据库连接
Connection conn = DriverManager.getConnection(URL, USER, PASSWORD);

//3.操作数据库，实现查询操作
Statement stmt = conn.createStatement();

ResultSet rs =
    stmt.executeQuery("SELECT user_name, age FROM geotools_table");

//如果有数据，rs.next()返回 true
while(rs.next()){
    System.out.println(
            rs.getString("user_name")+" 年龄: "+rs.getInt("age"));
}
```

不过由于 GeoTools 遵循的是 OGC 规范，对应的查询接口使用的是 ECQL 接口，因此 JDBC 的接口无法直接使用，需要进行一层转换，那它是如何转换的呢？接下来我们会对其进行介绍。

9.2.2　GeoTools 对 JDBC 的扩展

在 GeoTools 的体系中，它已经将 JDBC 的扩展功能封装到了 gt-jdbc 包中，用户可以通过 Maven 引用这个包，依赖坐标信息如代码清单 9-2 所示，直接从中央仓库中拉取相关的依赖包。

代码清单 9-2 添加 GeoTools 的 JDBC 依赖

```
<dependency>
    <groupId>org.geotools</groupId>
    <artifactId>gt-jdbc</artifactId>
    <version>${geotools.version}</version>
</dependency>
```

在 gt-jdbc 包中，核心内容是 JDBCDataStore 类及其基于 GeoTools 现有架构的扩展类，如图 9-1 所示。JDBCDataStore 类是 gt-main 包中 ContentDataStore 类的扩展类。

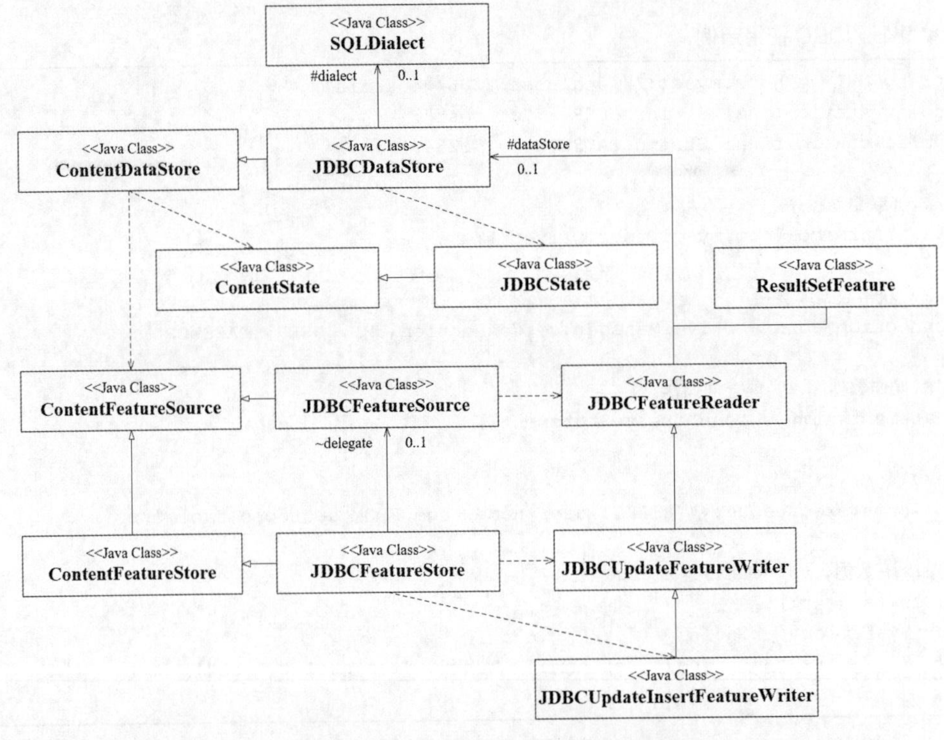

图 9-1 JDBCDataStore 类及其扩展类

JDBCDataStore 有 3 个重要的特征。

（1）与 JDBCDataStore 关联的 SQLDialect 实现了对各类数据库的查询。

（2）充分利用了基于 GeoTools 现有架构的扩展类。

- JDBCState 是一个用于维护关系数据库表的类，它主要负责处理关于主键的操作。
- JDBCFeatureSource 由使用轻量级功能实现的数据读取器（Feature Reader）负责支持。
- JDBCFeatureStore 由两个数据写入器（Feature Writer）负责支持。

（3）最大程度地减少代码重复。FeatureStore 实现了维护一个内部委托（Internal Delegate）JDBCFeatureSource，以便在不编写重复代码的情况下顺利处理 getFeature()请求。

除了对 DataStore 的扩展，另一个比较重要的扩展点是对查询语言的扩展。由于 GeoTools 上层使用的是 OpenGIS 定义的 ECQL，底层的 JDBC 通常使用的是 SQL，因此其间的转换过程就非常重要。GeoTools 中实现这一过程的是 SQLDialect 类及其相关的扩展类，例如在 gt-jdbc-h2 插件中，SQLDialect 类及其相关的扩展类如图 9-2 所示。

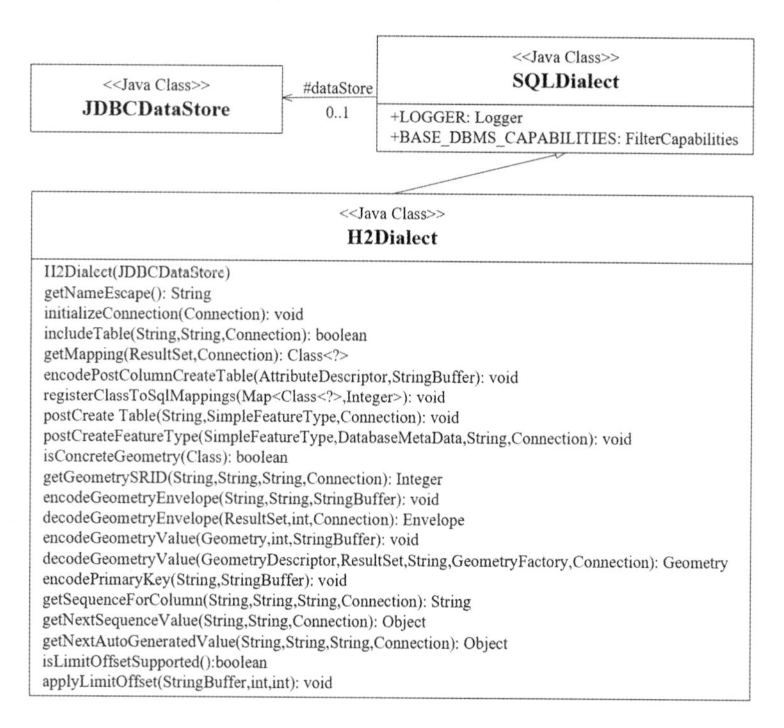

图 9-2 gt-jdbc-h2 插件中实现的 SQLDialect 类及其相关的扩展类

9.2.3 主要关系数据库简介

由于关系数据库种类繁多，本书中无法一一列举，因此本小节主要介绍 GeoTools 支持的比较有代表性的关系数据库：PostGIS 和 MySQL。

1. PostGIS 简介

PostGIS 本身并不是一款独立的产品，而是基于 PostgreSQL 的空间扩展。PostGIS 基于 PostgreSQL 的产品能力，也实现了对空间数据的管理。PostgreSQL 是一种非常经典的关系数据库系统，也是目前业界比较认可的功能最完善、性能最突出的开源关系数据库产品。

从发展历史上来看，PostgreSQL 起源于美国加利福尼亚大学伯克利分校，是一款最初由学术界主导开发的数据库产品。因此不管是软件的架构设计还是具体的实现方式，都有着浓浓的“学院派”气息，并逐渐得到越来越多用户的信任。

PostGIS 是基于 PostgreSQL 的空间扩展，它提供了诸多与空间数据管理相关的功能，例如对空间对象的支持、构建空间索引、对空间操作函数的支持以及对空间操作符的支持。

除此以外，更为重要的是 PostGIS 是开源的，人们可以免费得到 PostGIS 的源代码并对其进行研究和改进。也正是因为这一点，它受到了大量开发者和研究机构的欢迎。开发者们和研究机构参与到开发和完善 PostGIS 的行列中，进一步推动了 PostGIS 产品本身的发展。

当然随着智慧城市建设步伐的加快，空间数据也在其中扮演着非常重要的作用。相信以后 PostGIS 会被越来越多的开发者使用，PostGIS 也会在智慧城市的建设中发挥更大的作用。

2．MySQL 简介

MySQL 是一款开源关系数据库，现在是 Oracle 公司旗下的产品，也是流行的关系数据库之一。这个数据库虽然不是一款典型的空间数据库，如果需要对空间方面进行扩展，还需要安装其他的组件。不过在业界，由于它被广泛使用在各种场景下，已经在某种程度上成了行业标准，因此 GeoTools 也对其进行了支持。

MySQL 作为一款发展了四十多年的数据库，有诸多特性。

（1）在系统方面，MySQL 使用 C 语言和 C++语言来进行编写，支持多种编译器，保证了跨平台的能力。

（2）在访问方式方面，MySQL 不仅支持使用 JDBC 进行访问，也支持使用开放式数据库互连（Open Data Database Connectivity，ODBC）进行访问，更好地适配了不同的场景。

（3）在使用方面，MySQL 支持标准的 SQL，这极大地降低了用户使用的门槛。

（4）在存储引擎方面，它也支持多种存储引擎，例如比较传统的 MyISAM 和如今 MySQL 使用的默认存储引擎 InnoDB。

（5）除此以外，MySQL 也对事务进行了支持，可以非常好地支持事务类的操作。

当然 MySQL 的优势并不仅限于此，感兴趣的读者可以通过查阅 MySQL 官网提供的相关信息进一步了解。

9.2.4 不同关系数据库的使用方式

针对前面介绍的两款数据库，我们接下来将介绍 GeoTools 是如何使用它们的。

1．GeoTools 连接 PostGIS

在使用 GeoTools 连接 PostGIS 之前，我们需要添加与 GeoTools 连接 PostGIS 相关的依赖。这个依赖我们也是可以使用 Maven 来进行添加的，如代码清单 9-3 所示，这样程序就会自动从 Maven 的中央仓库中拉取对应的 JAR 包，并将其加载到工程内部。

代码清单 9-3　添加 PostGIS 的 JDBC 连接依赖

```
<dependency>
   <groupId>org.geotools.jdbc</groupId>
   <artifactId>gt-jdbc-postgis</artifactId>
   <version>${geotools.version}</version>
 </dependency>
```

然后我们需要通过使用DataStoreFinder来获取对应的数据源。这一步获取到的是GeoTools中的 DataStore 对象，如代码清单 9-4 所示，它维持了与数据库之间的连接，类似于 JDBC 中的连接对象（Connection）。

代码清单 9-4　使用 DataStoreFinder 连接 PostGIS

```
DataStore datastore = DataStoreFinder.getDataStore(params);
Map<String, Object> params = new HashMap<>();
params.put("dbtype", "postgis");
params.put("host", "localhost");
params.put("port", 5432);
params.put("schema", "public");
params.put("database", "database");
params.put("user", "postgres");
params.put("passwd", "postgres");

DataStore dataStore = DataStoreFinder.getDataStore(params);
```

我们会发现，获取 DataStore 对象前，需要构造一个参数映射 Map<String, Object>。在这个参数映射里面有很多的连接参数，它们代表的含义与底层数据库的特性相关，我们可以从中看出一些与 JDBC 连接参数的相似之处，如表 9-1 所示。

表 9-1　PostGIS 连接参数释义

参数名称	说明
dbtype	必须是字符串"postgis"
host	要连接的机器名称或 IP 地址
port	要连接的端口号，默认为 5432
schema	要访问的数据库模式

续表

参数名称	说明
database	要连接的数据库
user	用户名
passwd	密码

由于 PostGIS 本身对数据库范式实现得比较完善，因此在库和表之间有一层 schema 用于划分数据库模式，这个是 PostGIS 的一个特色，读者在使用的过程中需要对此加以重视。

2. GeoTools 连接 MySQL

在连接 MySQL 时，同样需要使用 DataStoreFinder 接口来完成连接数据库的操作，如代码清单 9-5 所示。

代码清单 9-5 使用 DataStoreFinder 连接数据库

```
java.util.Map params = new java.util.HashMap();
params.put("dbtype","mysql");
params.put("host", "localhost");
params.put("port" 3309);
params.put("database", "database");
params.put("user", "geotools");
params.put("passwd", "geotools");
params.put("storage _engine", "MyISAM");

DataStore dataStore=DataStoreFinder.getDataStore(params);
```

在连接 MySQL 时，用到的参数与连接 PostGIS 时用到的略有不同，如表 9-2 所示。首先 dbtype 必须是"mysql"字符串。其次由于 MySQL 支持多种存储引擎，有默认的 MyISAM，还有例如 InnoDB，用户在使用的过程中可以根据自己的需要进行选取。

表 9-2 MySQL 连接参数释义

参数名称	说明
dbtype	必须是字符串"mysql"
host	要连接的机器名称或 IP 地址
port	要连接的端口号，默认为 3309
database	要连接的数据库

续表

参数名称	说明
user	用户名
passwd	密码
storage_engine	用于创建表的存储引擎，默认为 MyISAM

9.3 GeoTools 对非关系数据库的支持

非关系数据库相对来说比较灵活，而且很多数据库并不支持通过 SQL 进行调用，因此很难设计一套统一的流程来将它们整合到 GeoTools 的数据库连接体系中。GeoTools 在解决这个问题上的思路是“一事一议”，即针对特定的非关系数据库，根据其接口形式来定制相应的转换方式，以保证无论底层数据库是哪个，上层都可以用 ECQL 进行调用。

本节会从两个方面来介绍 GeoTools 对非关系数据库的支持，首先会介绍对 GeoTools 支持的有代表性的非关系数据库，然后会介绍 GeoTools 是如何实现与这些数据库进行连接的。

9.3.1 主要非关系数据库简介

现有的非关系数据库非常多，但是并不是所有的非关系数据库都能够很好地满足空间数据的管理需求。在 GeoTools 中，比较有代表性的是 MongoDB 和 Elasticsearch，本小节会对这两种非关系数据库进行简要介绍。

1. MongoDB 简介

MongoDB 是一款文档型的非关系数据库，也是互联网行业内非常流行的一款数据库产品。

它的数据组织形式非常灵活，也很松散。在数据管理上，采用了类似 JSON 的格式——二进制 JSON（Binary JSON，BSON）格式，如代码清单 9-6 所示，这样在数据结构上保证了很大的灵活性，很适合处理一些半结构化数据或者非结构化数据。但是它的功能又不仅限于对数据的简单罗列，它还支持对数据建立索引等操作，因此它还具备很多其他数据库的特征。

代码清单 9-6 MongoDB 的数据管理方式示例

```
{
    id: "1234",
    name: "Bob",
```

```
    age: "180",
    groups: ["math", "science"]
}
```

除了支持基本的对数据进行管理的功能，MongoDB 在对外围的生态支持方面也做得很完善。MongoDB 的服务端可以运行在 Linux、Windows 或者 macOS 平台上，保证用户可以无缝跨平台迁移服务。

除此以外，MongoDB 也对聚合操作、数据复制、数据恢复、自动处理分片等功能进行了支持，极大程度上提升了自身的稳定性和易用性。

2. Elasticsearch 简介

Elasticsearch 并不是一款典型的数据库，它更像一款搜索引擎。不过由于其数据管理方式以及在业务场景中发挥的作用，业界通常也会将它纳入非关系数据库的范畴。它是基于 Lucene 开发的，提供了分布式的全文搜索能力，用户可以通过 RESTful 接口非常方便地使用 Elasticsearch 管理数据。

Elasticsearch 能够在大数据场景下逐渐被业界认可离不开其本身的特性。

（1）它支持分布式的数据存储，也就是说它能够管理海量的数据，而且能够根据业务需求进行弹性扩展。

（2）在数据模型方面，它可以管理结构化或者非结构化数据，非常灵活。

（3）它能够支持各种查询，尤其是基于其倒排索引的能力，使它能够根据用户给出的一些词频方面的查询条件，快速地从海量的文本中找出对应的结果。

（4）它在生态建设方面也有很大的进展，尤其是它与 Logstash、Kibana 等共同组成了一个集成解决方案——“Elastic Stack”（业界通常称之为“ELK”）。其中 Logstash 是一款数据收集引擎，Kibana 是一个分析和可视化平台。E、L、K 三者紧密结合，形成了从数据收集到数据存储，再到数据可视化的完整过程，进一步提升了 Elasticsearch 在整个大数据行业内的地位。

9.3.2 不同非关系数据库的使用方式

那么在 GeoTools 中，如何连接前面介绍的两种非关系数据库呢？

1. GeoTools 连接 MongoDB

GeoTools 对 MongoDB 的支持同样是存在于对应的插件包内的，相关的依赖坐标信息如代码清单 9-7 所示。

代码清单 9-7 添加 MongoDB 的连接依赖

```
<dependency>
    <groupId>org.geotools</groupId>
    <artifactId>gt-mongodb</artifactId>
    <version>${geotools.version}</version>
</dependency>
```

接下来同样是需要利用 DataStoreFinder 来获取对应的数据源对象，示例如代码清单 9-8 所示。

代码清单 9-8 使用 DataStoreFinder 连接 MongoDB

```
Map params = new HashMap();
params.put( "data_store" ,  "mongodb://mongodb-server:27017/default" );

DataStore datastore = DataStoreFinder.getDataStore(params);
```

这里我们可以发现，由于 MongoDB 有自己的连接方式，因此对应的连接参数也和前面关系数据库的连接参数不同，MongoDB 连接参数如表 9-3 所示。

表 9-3 MongoDB 连接参数

参数名称	说明
data_store	MongoDB 对应实例的地址
schema_store	MongoDB 中数据对应的 schema 名称
max_objs_schema	指定集合中使用的 JSON 对象的最大个数
objs_id_schema	指定在 schema 中使用到的 ID 数据分隔符

2. GeoTools 连接 Elasticsearch

与前面几种数据库的连接方式类似，GeoTools 连接 Elasticsearch 时，同样是利用插件实现的，相关的依赖坐标信息如代码清单 9-9 所示。

代码清单 9-9 添加 Elasticsearch 的连接依赖

```
<dependency>
   <groupId>org.geotools.jdbc</groupId>
   <artifactId>gt-elasticsearch</artifactId>
   <version>${geotools.version}</version>
 </dependency>
```

然后同样是利用 DataStoreFinder 来获取对应的 DataStore 对象，在此不赘述，可以参考前面几种数据库连接方式的逻辑。不过这里需要配置的参数同样是根据 Elasticsearch “量身定做”的，具体参数如表 9-4 所示。

表 9-4 Elasticsearch 连接参数释义

参数名称	说明
elasticsearch_host	Elasticsearch 实例的 IP 地址
elasticsearch_port	Elasticsearch 实例的端口号
user	用户名
passwd	密码
runas_geoserver_user	是否使用 GeoServer 的用户
proxy_user	代理用户名
proxy_passwd	代理用户密码
index_name	索引名称
reject_unauthorized	是否对请求进行校验
default_max_features	默认的最大要素个数
source_filtering_enabled	是否对_source 字段支持过滤操作
scroll_enabled	是否支持回滚操作
scroll_size	回滚操作的大小
scroll_time	回滚时间
array_encoding	序列编码
grid_size	网格大小
grid_threshold	网格阈值

我们可以看到其中有大量的连接参数是关于空间数据的操作和处理配置的，所以Elasticsearch本身也支持一定的空间操作，感兴趣的读者可以进一步探索Elasticsearch空间操作。

9.4 本章小结

本章主要介绍了 GeoTools 是如何与数据库进行连接的。为了阐明数据库的概念，我们首先对数据库本身的含义、分类以及针对空间数据场景下的特例——空间数据库进行了介绍。然后基于对数据库的基本分类方法，我们对 GeoTools 与关系数据库和非关系数据库的关系以及连接方式进行了介绍。由于关系数据库多数是支持 JDBC 协议的，因此我们也对 JDBC 以及 GeoTools 对 JDBC 的扩展方式进行了介绍。非关系数据库方面，由于它们的接口形式并不统一，因此我们只选取了其中有代表性的案例进行介绍。

第 10 章

GeoTools 地图组件

在地理信息系统行业中，地图展示是非常重要的内容，GeoTools 也为这种空间数据的可视化提供了相关的能力，而且针对一些地图可视化组件，GeoTools 也完成了兼容。本章将会从以下 4 个方面对 GeoTools 的地图组件进行介绍。

- 地图可视化概述。
- Java 对可视化的支持。
- gt-swing 模块。
- gt-swt 模块。

10.1 地图可视化概述

地图可视化是空间数据应用中非常重要的一环，也是距离用户最近的一个部分。从范围来说，大到全球，小到单个空间点，都需要通过地图可视化技术进行展示。从表达方法来说，地图可视化的要求是非常多样化的，不仅仅要以表格形式展示数据，更要求以图像的形式可视化数据。在图表方面，需要混搭图表、动态类型转换等操作。在图形方面，需要以密度图、热力图等方式来展现空间数据的处理结果，用更加直观、可交互的方式对结果进行表达。

由于 GeoTools 是使用 Java 语言进行开发的，因此在地图可视化方面，GeoTools 也是基于 Java 的可视化能力进行扩展的。在 Java 中，用来进行可视化和图形渲染的主要是 Swing 和标准窗口小部件工具包（Standard Widget Toolkit，SWT） 两个库，接下来会对这两个库进行介绍。

10.2 Java 对可视化的支持

在软件开发中，图形用户界面（Graphical User Interface，GUI）一直都是各大程序设计语言中比较重要的部分，它是一种用于人与计算机通信的界面，允许用户使用鼠标等输入设备操纵屏幕上的图标或菜单选项控制程序的执行过程。

在 Java 中，用于 GUI 的主要有 3 种库：抽象窗口工具包（Abstract Window Toolkit，AWT）、Swing 和 SWT。

AWT 出现得比较早，是 Java 1.x 中内置的一种面向窗口应用的库。虽然这个工具包实现得较早，也很小巧，但是它本身的一致性比较差，速度和效率都比较低。

Swing 是 Sun 公司从 Java 1.2 开始引入的一套 GUI 系统，作为 AWT 的替代品。随着大量使用 Swing 作为界面技术的软件的出现，大家也发现，这个库本身非常庞大。在其底层借用了 AWT 的 Component、Container、Window 等几个基础类，不过大量新的组件也被引入其中，这也导致了 Swing 的速度和效率同样比较低。

为了解决图形可视化的效率问题，IBM 资助的 Eclipse 基金会开放了 SWT 项目，这是一个开源的 GUI 系统。SWT 在设计时借鉴了 Windows 上的 DirectX，其功能实现是完全构筑在 Java 本地接口（Java Native Interface，JNI）之上的，对运行平台也是直接调用的。

SWT 的功能没有通过 Java 虚拟机，而是直接调用操作系统的接口即 JNI 来完成的。这样就能够保证，程序在调用接口时，不会被折损性能，从而最大化地发挥程序的性能。

不过在 SWT 类的继承结构以及 SWT 对象之间的控制关系上，仍然可以看出一些和 AWT 相关的内容，如图 10-1 和图 10-2 所示。

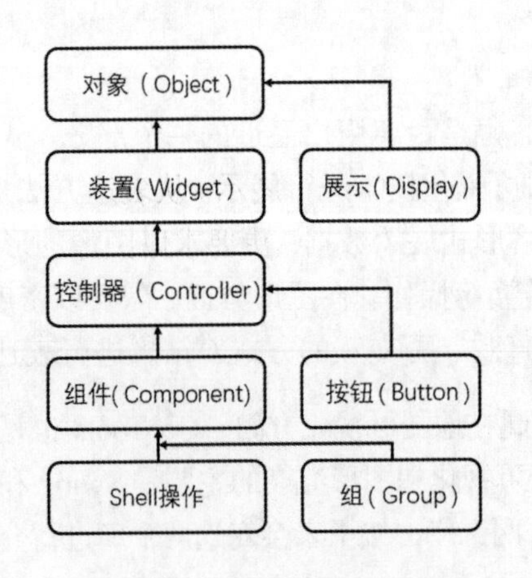

图 10-1 SWT 类的继承结构

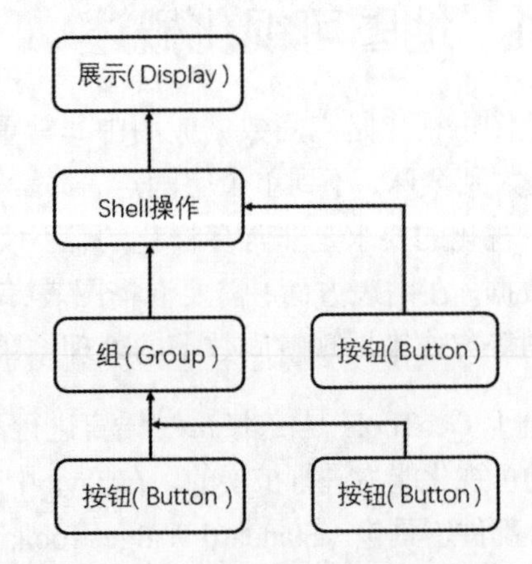

图 10-2 SWT 对象之间的控制关系

在 GeoTools 中，由于 AWT 是很早以前推出的一个工具包，因此 GeoTools 的地图可视化模块并没有基于这个包进行扩展，而是在 Swing 和 SWT 的基础上构建出的，即 gt-swing 和 gt-swt，接下来我们会对这两个扩展模块进行介绍。

10.3 gt-swing 模块

GeoTools 的 gt-swing 模块是很方便使用的，用户只需要在 Maven 的 pom.xml 文件中添加相关的坐标就能够将对应的依赖引入项目，如代码清单 10-1 所示。

代码清单 10-1 引入 gt-swing 模块的 Maven 坐标

```
<dependency>
  <groupId>org.geotools</groupId>
  <artifactId>gt-swing</artifactId>
  <version>${geotools.version}</version>
</dependency>
```

当然，这并不是一个功能非常完善的模块，因为对于 GeoTools 来说，可视化并不是它的核心功能。如果用户需要实现一些更为复杂的功能，还是建议使用一些比较专业的可视化组件。

从整体上来说，GeoTools 的可视化模块是围绕着 JMapPane 展开的，JMapPane 可以理解成一张空间地理信息画布，可以对空间数据进行一些基础渲染工作。如果需要用到多个图层进行展示，还可以使用 JMapFrame，它是一个顶级的渲染接口。

10.3.1 JMapPane

JMapPane 是一个地图画布组件，它是基于 Java Swing 模块中的 JPanel 类扩展而来的。它一般需要与 GeoTools 的渲染系统配合使用，从而一起完成空间要素信息的展示功能。

JMapPane 的构建比较简单，主要需要用到一个渲染器 GTRenderer 以及一个地图目录 MapContent 对象，如代码清单 10-2 所示。

代码清单 10-2 JMapPane 的构建

```
// 构造一个 MapContent 实例并添加一个或者多个图层进去
MapContent map = new MapContent();
...
// 构造渲染器
GTRenderer renderer = new StreamingRenderer();

// 构建 JMapPane 对象
JMapPane mapPane = new JMapPane(renderer, map);
```

默认情况下，当第一次在屏幕上进行展示时，JMapPane 会显示关联 MapContent 中图层的完整展示范围。用户可以将该范围设置为在显示窗格之前或之后以世界坐标系为基准的特定区域，其配置如代码清单 10-3 所示。

代码清单 10-3 JMapPane 中展示范围的配置

```
// 设置地图的展示范围
ReferencedEnvelope bounds = new ReferencedEnvelope(minX, maxX, minY, maxY, crs);
mapPane.setDisplayArea(bounds);
```

JMapPane 使用 MapViewport 类来计算显示的区域。在世界坐标系中指定要显示的区域时，该区域首先在地图窗格中居中，然后根据需要通过设置其高度和宽度来匹配屏幕区域的宽高比，如图 10-3 所示。因此 getDisplayArea 方法返回的空间范围通常会比之前传递给 setDisplayArea 的空间范围更大。

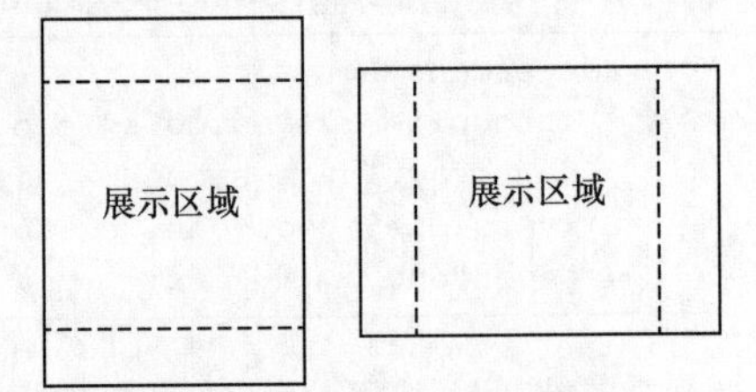

图 10-3 JMapPane 展示范围示意

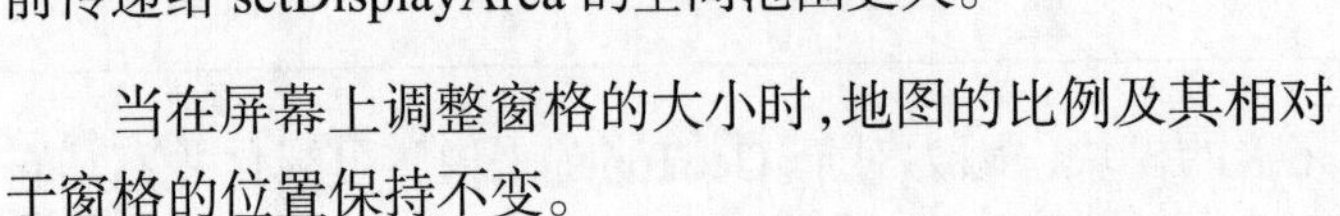

当在屏幕上调整窗格的大小时，地图的比例及其相对于窗格的位置保持不变。

在内部，世界坐标与具有仿射变换的屏幕坐标有关。用户可以通过 getWorldToScreen 和 getScreenToWorld 方法直接访问转换。如果希望在地图窗格顶部绘制或计算当前地图比例，这两个方法将会非常有用。

基于 Swing，用户可以定义自己的 MapContent 对象，并用它来支持 JMapPane 的使用，如代码清单 10-4 所示。

代码清单 10-4 自定义 MapContent 并通过 JFrame 进行展示

```
// 展示地图
private static void showMap(MapContent map) throws IOException {
    // 构造 JMapPane 对象
    final JMapPane mapPane = new JMapPane(new StreamingRenderer(), map);
    mapPane.setMapArea(map.getLayerBounds());

    // 利用 JFrame 构造一个可视化窗口
    JFrame frame = new JFrame("ImageLab2");
    frame.setLayout(new BorderLayout());
    frame.add(mapPane, BorderLayout.CENTER);

    // 添加面板和按钮
    JPanel buttons = new JPanel();
    JButton zoomInButton = new JButton("Zoom In");

    // 添加鼠标监听器
    zoomInButton.addActionListener(new ActionListener() {
        public void actionPerformed(ActionEvent e) {
            mapPane.setState(JMapPane.ZoomIn);
        }
    });
    buttons.add(zoomInButton);

    // 添加另一个按钮
    JButton zoomOutButton = new JButton("Zoom Out");
```

```
    zoomOutButton.addActionListener(new ActionListener() {
       public void actionPerformed(ActionEvent e) {
           mapPane.setState(JMapPane.ZoomOut);
       }
    });
    buttons.add(zoomOutButton);

    // 添加“Move”（移动）按钮
    JButton panButton = new JButton("Move");
    panButton.addActionListener(new ActionListener() {
       public void actionPerformed(ActionEvent e) {
           mapPane.setState(JMapPane.Pan);
       }
    });
    buttons.add(panButton);

    frame.add(buttons, BorderLayout.NORTH);

    // 添加一些参数
    frame.setDefaultCloseOperation(WindowConstants.EXIT_ON_CLOSE);
    frame.setSize(600, 400);

    // 展示地图
    frame.setVisible(true);
}
```

10.3.2 JMapFrame

JMapFrame 中封装了 JMapPane，因此可以非常便捷地进行地图展示。例如我们可以直接构造一个 MapContent 对象，然后使用 JMapFrame 类进行展示，如代码清单 10-5 所示。

代码清单 10-5 构造 MapContent 对象并展示

```
MapContent content = new MapContent();

// 添加图层信息
content.addLayer(mylayer)
// 配置 MapContent 的标题
content.setTitle("The World Map");

// 向用户展示地图
JMapFrame.showMap( content );
```

执行上述代码就可以看到展示出来的地图。

不过需要注意，当用户关闭这个 JMapFrame 时，程序就会退出。但是开发者有的时候会使用 JMapFrame 来进行问题排查，所以为了避免 JMapFrame 被关闭时程序退出，我们也可以通过显式的配置来保证程序本身一直存在，如代码清单 10-6 所示。

代码清单 10-6 配置 JMapFrame 关闭但不退出程序

```
JMapFrame show = new JMapFrame( content );
show.setDefaultCloseOperation( JFrame.DISPOSE_ON_CLOSE );
show.setVisible(true);
```

此外，在默认情况下，JMapFrame 是只显示底图的，如果我们需要展示一些别的要素信息，就需要进行如下的配置，如代码清单 10-7 所示。

代码清单 10-7 展示其他要素信息的代码示例

```
MapFrame show = new JMapFrame(content);

// 展示图层列表
show.enableLayerTable(true);

show.enableToolBar(true);

// 显示右下角状态栏
show.enableStatusBar(true);

// 展示
show.setVisible(true);
```

10.3.3 Dialog 类

在 GeoTools 中，有一些类是用来定义交互方式的，比如与文件的交互方式、与字体的交互方式、与要素样式的交互方式，这些类被统归为 Dialog 类。

JFileDataStoreChooser 是一个对话框类，可用于帮助用户执行各种操作。这样用户就不必在直接使用 JFileChooser 和 FileFilters 的过程中纠结。该类基本的使用方法如代码清单 10-8 所示。

代码清单 10-8 加载 Shapefile 文件

```
// 帮助用户加载 Shapefile 文件
File file = JFileDataStoreChooser.showOpenFile("shp", null);
if (file != null) {
    // 使用 Shapefile 文件的内部逻辑
}
```

它还有另一种加载文件的方式，如代码清单 10-9 所示。

代码清单 10-9 加载 GeoTIFF 文件或者 TIFF 文件

```
// 帮助用户加载 GeoTIFF 文件或者 TIFF 文件
File file = JFileDataStoreChooser.showOpenFile(new String[]{"tif", "tiff"}, null);
if (file != null) {
   // 使用文件
}
```

JFontChooser 是用来配置字体的交互类，它可以被 JSimpleStyleDialog 调用，也可以单独使用。它包含一个静态的帮助方法，该方法用于展示交互窗口并返回一个 GeoTools 的字体对象。JFontChooser 的一些基本用法如代码清单 10-10 所示。

代码清单 10-10　JFontChooser 的基本用法

```
import org.geotools.styling.Font;
...
Font font = JFontChooser.showDialog(null, "Choose a label font", null);
if (font != null) {
    // 使用字体
}
```

也可以给 JFontChooser 配置一种默认的字体，如代码清单 10-11 所示。

代码清单 10-11　给 JFontChooser 配置默认字体

```
import org.geotools.styling.Font;
...
Font myFaveFont = ...
JFrame owner = ...

Font selectedFont = JFontChooser.showDialog(owner, "Your favourite font", myFaveFont);
if (selectedFont == null) {
    selectedFont = myFaveFont;
}
```

JSimpleStyleDialog 是一种用来控制要素展示的类，它可以用来给点、线、面配置一些基本的信息，其基本使用方法如代码清单 10-12 所示。

代码清单 10-12　JSimpleStyleDialog 的基本使用方法

```
ShapefileDataStore shapefile = ...
Style style = JSimpleStyleDialog.showDialog(shapefile, null);
if (style != null) {
    // 使用 Style 对象
}
```

10.3.4　Wizard 类

Wizard 类是向导类，主要包含一些用于提示用户输入的对话框，可以带有一些“下一步”或者“后退”按钮，也可以提供输入信息的验证。Java Swing 模块本身没有提供向导类，所以 GeoTools 就补全了这一部分的内容，其中比较有代表性的是 JDataStoreWizard、JParameterListWizard 和 JWizard 类。

JDataStoreWizard 是一个用来对接数据源的向导类，用户可以通过它很快地收集到与连接相关的信息，如代码清单 10-13 所示。

代码清单 10-13 JDataStoreWizard 的基本使用

```
JDataStoreWizard wizard = new JDataStoreWizard();
int result = wizard.showModalDialog();
if (result == JWizard.FINISH) {
    Map<String, Object> connectionParameters = wizard.getConnectionParameters();
    dataStore = DataStoreFinder.getDataStore(connectionParameters);
    if (dataStore == null) {
        JOptionPane.showMessageDialog(null, "Could not connect - check parameters");
    }
}
```

JDataStoreWizard 也可以用来限定数据源类型，如代码清单 10-14 所示。

代码清单 10-14 JDataStoreWizard 限定数据源类型的使用方法

```
JDataStoreWizard wizard = new JDataStoreWizard("shp");
int result = wizard.showModalDialog();
if (result == JWizard.FINISH) {
    Map<String, Object> connectionParameters = wizard.getConnectionParameters();
    dataStore = DataStoreFinder.getDataStore(connectionParameters);
    if (dataStore == null) {
        JOptionPane.showMessageDialog(null, "Could not connect - check parameters");
    }
}
```

JDataStoreWizard 还可以直接指定对应的 DataStore 工厂类，如代码清单 10-15 所示

代码清单 10-15 JDataStoreWizard 指定 DataStore 工厂类的使用方法

```
DataStoreFactorySpi format = new ShapefileDataStoreFactory();
JDataStoreWizard wizard = new JDataStoreWizard(format);
int result = wizard.showModalDialog();
if (result == JWizard.FINISH) {
    Map<String, Object> connectionParameters = wizard.getConnectionParameters();
    dataStore = DataStoreFinder.getDataStore(connectionParameters);
    if (dataStore == null) {
        JOptionPane.showMessageDialog(null, "Could not connect - check parameters");
    }
}
```

JParameterListWizard 类主要用作参数的展示面板，用户可以定义一些参数，如代码清单 10-16 所示。

代码清单 10-16 定义参数的 JParameterListWizard 类代码示例

```
List<> list = new ArrayList>();
list.add(new Parameter("image", File.class, "Image",
       "GeoTiff or World+Image to display as basemap",
       new KVP( Parameter.EXT, "tif", Parameter.EXT, "jpg")));
list.add(new Parameter("shape", File.class, "Shapefile",
       "Shapefile contents to display", new KVP(Parameter.EXT, "shp")));
```

```
JParameterListWizard wizard = new JParameterListWizard("Image Lab",
        "Fill in the following layers", list);
int finish = wizard.showModalDialog();

if (finish != JWizard.FINISH) {
    System.exit(0);
}
File imageFile = (File) wizard.getConnectionParameters().get("image");
File shapeFile = (File) wizard.getConnectionParameters().get("shape");
```

JWizard 是向导类的基类，用户可以使用这个基类来扩展自己的向导类。

10.4 gt-swt 模块

GeoTools 的 gt-swt 模块是基于 Java 的 SWT 模块的扩展，其引用方法也比较简单，只需要将其依赖坐标添加到 Maven 的 pom.xml 文件中即可，如代码清单 10-17 所示。

代码清单 10-17 gt-swt 模块坐标

```
<dependency>
  <groupId>org.geotools</groupId>
  <artifactId>gt-swt</artifactId>
  <version>${geotools.version}</version>
</dependency>
```

不过由于与这个模块相关的内容仍然在讨论中，因此在 GeoTools 中，这个模块还处于不支持的状态。

10.4.1 SWTMapFrame

SWTMapFrame 与前文所讲述的 JMapFrame 类似，也是一个用来进行地图展示的类，其使用方法也非常简单，如代码清单 10-18 所示。

代码清单 10-18 SWTMapFrame 的使用方式

```
public class Main {
   public static void main( String[] args ) throws Exception {
    // 构建一个 MapContext 对象
    MapContext context = new DefaultMapContext();
    // 设置标题
    context.setTitle("The SWT Map is in the game");
    // 添加 Shapefile 文件
    File shapeFile = new File("xxx.shp");
    ShapefileDataStore store = new ShapefileDataStore(shapeFile.toURI().toURL());
    SimpleFeatureSource featureSource = store.getFeatureSource();
    SimpleFeatureCollection shapefile = featureSource.getFeatures();
    context.addLayer(shapefile, null);
```

```
        // 展示地图
        SwtMapFrame.showMap(context);
    }
}
```

10.4.2 Rich Client Platform

Rich Client Platform（以下简称“RCP”）接口是基于 SWT 的用户可视化接口，相对于前面讲述的那些可视化交互方式，它的展示功能会更加丰富。

如果需要将这个 RCP 接口集成到应用中，首先需要将地图面板添加到需要集成 RCP 接口的应用中，如代码清单 10-19 所示。

代码清单 10-19 添加地图面板到需要集成 RCP 接口的应用中

```
public void createPartControl( Composite parent ) {
    // 处理 icon 文件
    handleImages();

    // 创建 MapContext 对象
    MapContext context = new DefaultMapContext();
    context.layers();

    // 创建主要的组件
    Composite mainComposite = null;
    if (showLayerTable) {
        SashForm sashForm = new SashForm(parent, SWT.HORIZONTAL | SWT.NULL);
        mainComposite = sashForm;
        MapLayerComposite mapLayerTable = new MapLayerComposite(mainComposite,
                                                                SWT.BORDER);
        mapPane = new SwtMapPane(mainComposite, SWT.BORDER | SWT.NO_BACKGROUND);
        mapPane.setMapContext(context);
        mapLayerTable.setMapPane(mapPane);
        sashForm.setWeights(new int[]{1, 3});
    } else {
        mainComposite = parent;
        mapPane = new SwtMapPane(mainComposite, SWT.BORDER | SWT.NO_BACKGROUND);
        mapPane.setMapContext(context);
    }

    mapPane.setBackground(Display.getCurrent().getSystemColor(SWT.COLOR_WHITE));
    // 设置渲染器
    StreamingRenderer renderer = new StreamingRenderer();
    mapPane.setRenderer(renderer);
}
```

接着，需要为这个应用添加可视化事件。我们可以使用 toolbar 来完成这个工作，在应用的用户界面（User Interface，UI）文件中添加以下信息，如代码清单 10-20 所示。

代码清单 10-20 在应用的 UI 文件中添加可视化事件

```
<action
    class="org.geotools.swt.actions.InfoAction"
    icon="icons/info_mode.gif"
    id="RCP-gt-swt.info"
    label="Info Action"
    style="push"
    toolbarPath="gtswt">
</action>
```

然后我们就可以实现这个事件的内部逻辑，如代码清单 10-21 所示。

代码清单 10-21 实现可视化事件的内部逻辑

```
public class InfoAction implements IViewActionDelegate {
   private IViewPart view;
   public void init( IViewPart view ) {
      this.view = view;
   }
   public void run( IAction action ) {
      SwtMapPane mapPane = ((MapView) view).getMapPane();
      mapPane.setCursorTool(new InfoTool());
   }
   public void selectionChanged( IAction action, ISelection selection ) {
   }
}
```

我们还需要添加一些图层信息，这些图层信息同样也是需要利用标记语言声明在相关的配置信息中的，如代码清单 10-22 所示。

代码清单 10-22 添加一些图层信息

```
<extension point="org.eclipse.ui.menus">
 <menuContribution
      locationURI="menu:org.eclipse.ui.main.menu">
     <menu
          label="File">
      <command
           commandId="org.eclipse.ui.file.exit"
           label="Exit">
      </command>
      <!--在菜单栏上添加按钮 -->
      <command
           commandId="RCP-gt-swt.openshp"
           icon="icons/open.gif"
           label="Open Shapefile"
           style="push"
           tooltip="Opens a shapefile from the filesystem">
       </command>
```

```
        </menu>
    </menuContribution>
</extension>
```

最后，我们需要实现 AbstractHandler 接口，它可以提供一个顶层命令来控制其他命令，如代码清单 10-23 所示。

代码清单 10-23 实现 AbstractHandler 的 OpenShapefileCommand 类

```
public class OpenShapefileCommand extends AbstractHandler {

    @Override
    public Object execute( ExecutionEvent event ) throws ExecutionException {
        IWorkbenchPage activePage =
            PlatformUI.getWorkbench().getActiveWorkbenchWindow().getActivePage();
        MapView mapView = (MapView) activePage.findView(MapView.ID);
        SwtMapPane mapPane = mapView.getMapPane();
        Display display = Display.getCurrent();
        Shell shell = new Shell(display);
        File openFile = JFileDataStoreChooser.showOpenFile(new String[]{"*.shp"}, shell);
        try {
            if (openFile != null && openFile.exists()) {
                MapContext mapContext = mapPane.getMapContext();
                FileDataStore store = FileDataStoreFinder.getDataStore(openFile);
                SimpleFeatureSource featureSource = store.getFeatureSource();
                Style style = Utils.createStyle(openFile, featureSource);
                mapContext.addLayer(featureSource, style);
                mapPane.redraw();
            }
        } catch (IOException e) {
            e.printStackTrace();
        }
        return null;
    }
}
```

10.5 本章小结

空间数据的可视化在地理信息系统中是非常重要的一个组成部分，在 GeoTools 中同样对相关的功能进行了实现。本章主要从 4 个方面来对这部分内容进行介绍，首先是对地图可视化的概述，然后对 Java 对可视化的支持进行了介绍，之后对 gt-swing 模块以及 gt-swt 模块进行了介绍。

第 11 章

空间数据管理系统

在前面的章节中，我们已经了解了 GeoTools 的基本安装和使用方法。同时我们对地理信息系统以及 GeoTools 库中的一些基本概念和功能，如空间几何对象、索引以及各种数据模型有了较深的理解。这些知识可以帮助我们构建一个基本的、功能相对齐全的空间数据管理系统。本章内容主要包含对空间数据管理系统的基本设计和实现。空间数据管理系统的主要功能是将我们平时需要手动处理以及管理的空间数据进行自动的处理和管理，从而达到提升效率和规范管理的目的。

11.1　空间数据管理系统架构设计

顾名思义，空间数据管理系统是对空间数据进行统一管理的系统。空间数据由于自身多源异构的特性，通常分散在各类文件和关系数据库中。空间数据管理系统就是用于将分散的多个空间数据文件按照实际业务需求进行格式转换、归并和入库的一套软件系统。对于空间数据管理系统而言，需要将内部各个不同的功能与工具模块搭建成方便使用且互相关联的架构，从而减少代码量以及提高效率。由于各类实际空间数据处理业务不同，不同的空间数据管理系统需要有不同方面的功能。但是万变不离其宗，对空间数据的生成、转换、迁移、清理始终是空间数据管理系统的基石。虽然不同的空间数据管理系统对各个功能模块的需求不尽相同，但是基本的空间数据处理能力（空间数据的格式转换与清理）是必不可少的。

本章介绍的空间数据管理系统的功能模块如图 11-1 所示。本章介绍的空间数据管理系统包括 5 个模块，分别是空间数据模拟生成模块、坐标变换模块、空间数据格式转换模块、空间数据质检模块和空间数据归档入库模块。

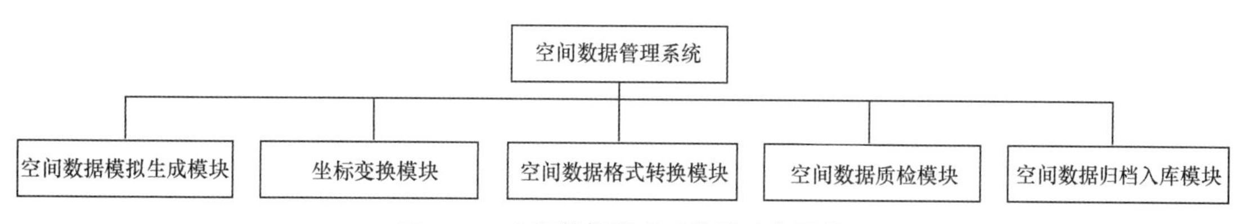

图 11-1　空间数据管理系统的功能模块

（1）空间数据模拟生成模块。

空间数据模拟生成主要分为数据模拟生成、数据处理生成两种。前者可以根据空间数据管理系统中现有的数据或新输入的数据，按照一定的规则，生成具有新作用或新意义的数据集。例如，在给定的范围（几何图形）内生成随机分布的点或多边形，用于测试地理信息系统的运行以及算法；后者为根据已有的多个不同空间数据集中的对象的空间关系生成符合某种特殊规则的并集，从而进行分析处理等。

（2）坐标变换模块。

坐标变换模块的主要功能是根据需要对现有的空间数据进行坐标参考系统的变换。例如将已有空间数据的坐标转换到指定坐标系、将地理坐标系与投影坐标系进行相互转换等。

（3）空间数据格式转换模块。

我们在之前的章节中已经了解了，空间数据可以存储于不同格式的文件或不同的数据库中，如 CSV 文件、Shapefile 文件、GeoPackage 文件、GeoJSON 文件、PostGIS 等。操作地理信息系统时，经常需要对不同格式的数据进行互相转换以达到统一规范的目的。空间数据管理系统的数据转换功能也同样不可或缺。

（4）空间数据质检模块。

在使用地理信息系统时，数据往往来自不同的数据源，如各地的测绘院或线上资源等。这些不同的数据源通常会包含不同的数据内容，也很有可能会包含各种"脏数据"。因此，对这些数据进行检查就是空间数据管理系统的一个重要作用。如，数据中常出现的"零数据"、"NaN"以及"超范围数据"等，需要通过数据的清理进行删除以及修正以使其达到可用的统一标准化。

（5）空间数据归档入库模块。

虽然文件型空间数据便于携带与传输，但是随着数据体量的上升，大量的多时相、多区域的空间数据变得越来越难以管理。将文件型空间数据按照时间和空间导入关系数据库的过程被称为空间数据归档入库。通过归档入库，我们可以对不同时间采集的数据进行统一管理，如分析某一区域随着时间发展的空间变换特征。也可按照不同空间区域归档数据，实现空间意义上的"分库分表"。

11.2 空间数据管理系统实现

根据我们在前面提到的架构设计以及功能模块，我们就可以开始搭建基本的空间数据管理系统了。

11.2.1 空间数据模拟生成模块

在验证空间分析的算法和进行地理信息系统开发时，我们通常需要模拟生成一些空间数据，一般是点数据，这些空间数据可以帮助我们进行算法验证和系统运行正确性检测。JTS提供了几何工厂类用于创建几何要素，如代码清单 11-1 所示。

代码清单 11-1 创建几何要素

```
GeometryFactory geometryFactory =
       JTSFactoryFinder.getGeometryFactory();
//创建点要素
Coordinate coord = new Coordinate(1, 1);
Point point = geometryFactory.createPoint(coord);

//创建线要素
Coordinate[] lineCoords =
       new Coordinate[]{
             new Coordinate(0, 2),
             new Coordinate(2, 0),
             new Coordinate(8, 6)};
LineString line = geometryFactory.createLineString(lineCoords);

//创建多边形要素
Coordinate[] ringCoords =
       new Coordinate[]{
              new Coordinate(4, 0),
              new Coordinate(2, 2),
              new Coordinate(4, 4),
              new Coordinate(6, 2),
              new Coordinate(4, 0)};
LinearRing ring = geometryFactory.createLinearRing(ringCoords);

//空的 LinearRing 数组代表多边形不包含空洞
LinearRing holes[] = null;
Polygon polygon = geometryFactory.createPolygon(ring, holes);
```

实际业务中，我们需要模拟生成指定经纬度范围的几何要素，如代码清单 11-2 所示。

代码清单 11-2 模拟生成几何要素

```
public double randomDouble(double min, double max) {
    Random random = new Random();
    return (min + (max - min) * random.nextDouble());
}

//随机生成指定经纬度范围内的点
for (int i = 0; i < 100; i++) {
    double lon = randomDouble(144.41, 148.87);
    double lat = randomDouble(-40.38, -46.16);
```

```
        Coordinate coordinate = new Coordinate(lon, lat);
        Point point = geometryFactory.createPoint(coordinate);
    }
```

11.2.2　坐标变换模块

空间数据非常特殊的一点就是具有多种不同的空间坐标系。不同来源的空间数据通常具有完全不同的空间坐标系。在进行各类空间分析之前，我们首先应该将不同来源、不同空间坐标系的空间数据归一化处理到同一个坐标系上。我们在本书第 4 章已经详细介绍了各类空间坐标系和 GeoTools 对空间坐标系的实现。在 GeoTools 中进行坐标系变换如代码清单 11-3 所示。

代码清单 11-3　坐标系变换

```
/**
 * 几何要素坐标转换
 *
 * @param geometry   几何要素
 * @param sourceCrs 原始坐标系
 * @param targetCrs 目标坐标系
 */
public static Geometry geometryTransform(Geometry geometry,
                                         CoordinateReferenceSystem sourceCrs,
                                         CoordinateReferenceSystem targetCrs) {

    Geometry newGeometry = null;
    if (sourceCrs.equals(targetCrs)) {
        return geometry;
    }
    try {
        MathTransform transform = CRS.findMathTransform(sourceCrs, targetCrs, true);
        newGeometry = JTS.transform(geometry, transform);
    } catch (Exception e) {
        log.error("外接矩形坐标系转换出错;" + e);
    }
    return newGeometry;
}
```

11.2.3　空间数据格式转换模块

本书的第 5 章详细介绍了常见的几种空间矢量数据格式。但是在项目中我们往往需要将这些数据的格式统一，因此对数据格式进行转换也是空间数据管理系统所必需的功能。在本小节中，我们将以广泛使用的 Shapefile 格式为中心，构建空间数据格式转换模块。在 5.1.7 小节中，我们了解了如何从 Shapefile 文件中以 SimpleFeatureCollection 类读取数据。而对空间数据进行格式转换其实就是将读取到的 SimpleFeatureCollection 中的空间数据重新以需要的格式写入文件。

1. Shapefile 与 GeoJSON 的格式转换

在从 Shapefile 文件中获取数据并得到 FeatureCollection 之后，我们需要将数据写入目标 GeoJSON 文件中。写入的方式如代码清单 11-4 所示。

代码清单 11-4 GeoJSON 数据写入

```
//从目标路径读取 Shapefile 文件
ShapefileDataStore shapefileDataStore =
new ShapefileDataStore(new File(shpPath).toURI().toURL());
//从 Shapefile 文件中获取 FeatureSource 并得到 FeatureCollection 用于写入
ContentFeatureSource featureSource = shapefileDataStore.getFeatureSource();
ContentFeatureCollection contentFeatureCollection = featureSource.getFeatures();

//写入目标 GeoJSON 文件
FeatureJSON featureJSON = new FeatureJSON(new GeometryJSON());
featureJSON.writeFeatureCollection(contentFeatureCollection, new File(geojsonPath));

shapefileDataStore.dispose();
```

而将 GeoJSON 文件转换为 Shapefile 文件的过程与上述过程大体上一致。首先从要转换的文件中获取数据并得到需要的 FeatureCollection，然后将数据写入目标文件中，如代码清单 11-5 所示。

代码清单 11-5 GeoJSON 数据读取

```
InputStream in = new FileInputStream(geojsonPath);
int decimals = 15;
GeometryJSON gjson = new GeometryJSON(decimals);
FeatureJSON fjson = new FeatureJSON(gjson);

FeatureCollection fc = fjson.readFeatureCollection(in);

//从目标路径读取 GeoJSON 文件中的数据
InputStream in = new FileInputStream(geojsonPath);
GeometryJSON gjson = new GeometryJSON();
FeatureJSON fjson = new FeatureJSON(gjson);
//得到 FeatureCollection
FeatureCollection fc = fjson.readFeatureCollection(in);
```

2. Shapefile 与 GeoPackage 的格式转换

在 5.5 节中我们已经详细了解了 GeoPackage 的内部结构以及这种数据格式的重要特性。由于本小节我们主要研究 Shapefile 与 GeoPackage 的格式转换，而 Shapefile 文件只可以存储空间矢量数据，因此本小节并不包含栅格数据的内容。代码清单 11-6 提供了一种较为简单、基础的将 Shapefile 文件中的要素写入 GeoPackage 文件中的方法。

代码清单 11-6 GeoPackage 数据写入

```
//新建一个 GeoPackage 文件
GeoPackage geopkg = new GeoPackage(File.createTempFile
                                  ("geopkg", "db", new File("filename")));
geopkg.init();
//读取 Shapefile 文件
File file = new File("for_convert.shp");
Map<String, Object> map = new HashMap<>(1);
map.put("url", file.toURI().toURL());
DataStore dataStore = DataStoreFinder.getDataStore(map);
ShapefileDataStore shp = (ShapefileDataStore) dataStore;
//将 Shapefile 文件中的数据写入 GeoPackage 文件
FeatureEntry entry = new FeatureEntry();
geopkg.add(entry, shp.getFeatureSource(), null);
```

在代码清单 11-7 中，则是从 GeoPackage 文件中提取要素并写入 Shapefile 文件中的方法，这种方法达成数据格式的转换。

代码清单 11-7 GeoPackage 数据读取

```
Map params = new HashMap();
//设置 DataStore 的类型为 GeoPackage
params.put("dbtype", "geopkg");
//GeoPackage 文件的路径
params.put("database", "test.gkpg");
//获取 GeoPackage 类型的 DataStore
DataStore dataStore = DataStoreFinder.getDataStore(params);

String typeName = dataStore.getTypeNames()[0];
FeatureSource<SimpleFeatureType,SimpleFeature> source =
dataStore.getFeatureSource(typeName);
FeatureCollection<SimpleFeatureType,
                  SimpleFeature> collection = source.getFeatures(filter);
```

3. Shapefile 与 CSV 的格式转换

根据 5.6 小节中介绍的内容，我们已经能够创建基于 CSV 文件的 DataStore、FeatureSource、FeatureReader，以及工厂类 DataStoreFactory。而我们可以通过这些类，像操作其他格式文件一样对 CSV 文件进行数据的读取和写入以达成格式转换的目的。CSV 文件中的数据一般为坐标点类型的数据，而经纬度坐标点将会存储于不同的列之中。代码清单 5-28 中的 readFeature 方法详细讲述了如何从 CSV 文件中提取坐标点数据并转换为可以由 GeoTools 解析的要素。CSV 数据读取如代码清单 11-8 所示。

代码清单 11-8 CSV 数据读取

```
File CSVFile = new File("filePath");
CSVDataSource csv = CSVDataStore(file);
CSVReader  reader = csv.read();
List<SimpleFeature> features = new ArrayList<>();
while(reader.hasNext()) {
    features.add(reader.next());
}

SimpleFeatureCollection collection = new ListFeatureCollection
                                     (reader. getFeatureType(), features);
```

11.2.4 空间数据质检模块

正如本章开头讲到的一样，空间数据管理系统应该能够妥善处理从不同数据源采集的数据。通常情况下，空间数据能够通过不同的传感器与采集装置进行记录和存储。但是记录的同时经常会产生误差以及错误。一个简单的例子就是我们常用的卫星定位系统，在使用过程中，信号的强弱、所处的位置、设备的精度限制等都将为采集到的数据带来一定的误差。大多数情况下的误差在我们的允许范围之内，但是在个别情况下，会有我们不能接受的误差出现。比如记录车辆行动路线的轨迹数据，经常会出现轨迹上坐标的经纬度位于正常的范围以外的“脏数据”点。而剔除这些点也是空间数据管理系统需要做的工作。

1. 数据属性检查

在第 5 章中，我们已经了解到，GeoTools 通过 SimpleFeature 模型对矢量数据进行管理，SimpleFeature 模型存储了数据的几何属性和普通属性。每个属性都有对应的属性类型，如字符串、数字、日期、货币等。而进行数据处理的时候，若是不能以相应的正确的类型进行处理的话，将导致程序运行失败。要素字段提取如代码清单 11-9 所示。

代码清单 11-9 要素字段提取

```
//当我们要从一个要素中提取字段
//通过字段的 index 提取
Object attr1 = feature.getAttribute(int index)

//通过字段名称提取
Object attr2 = feature.getAttribute(Name name)
Object attr3 = feature.getAttribute(String name)

//提取全部字段
List<Object> attrs = feature.getAttributes()
```

在第 8 章中我们介绍了 CQL 和空间查询过滤器，结合这两者可以实现各种过滤。CQL 属性过滤如代码清单 11-10 所示。

代码清单 11-10 CQL 属性过滤

```
//等值过滤
SimpleFeatureCollection grabSelectedName(String name) throws Exception {
    return featureSource.getFeatures(CQL.toFilter("Name = '" + name + "'"));
}
//多值过滤
SimpleFeatureCollection grabSelectedNames(Set<String> selectedNames)
        throws Exception {
    FilterFactory2 ff = CommonFactoryFinder.getFilterFactory2();

    List<Filter> match = new ArrayList<>();
    for (String name : selectedNames) {
        Filter aMatch = ff.equals(ff.property("Name"), ff.literal(name));
        match.add(aMatch);
    }
    Filter filter = ff.or(match);
    return featureSource.getFeatures(filter);
}
```

此外，很多时候我们还需要检查数据是否具有某个属性，检查某个属性是否具有空值。对这些可能具有空值的属性需要提前检查并进行处理，避免在后续处理中发生空指针异常。空值过滤如代码清单 11-11 所示。

代码清单 11-11 空值过滤

```
//获取过滤器工厂类
FilterFactory2 ff = CommonFactoryFinder.getFilterFactory2();
Filter filter;

//属性为 null
filter = ff.isNull(ff.property("approved"));

//该属性不存在
filter = ff.isNil(ff.property("approved"), "no approval available");
```

2. 空间属性检查

除了属性过滤之外，在空间属性检查中更多的是获取指定空间范围内的要素，忽略范围外的数据。例如过滤出某城市范围内的空间要素。这类需求可以通过外接矩形过滤器来实现，如代码清单 11-12 所示。除了外接矩形过滤器，GeoTools 还提供了其他的空间关系过滤器，用户可根据具体业务实际，选择合适的空间关系过滤器。

代码清单 11-12 获取指定的矩形内的要素

```
SimpleFeatureCollection grabFeaturesInBoundingBox(double x1,
                                                  double y1,
                                                  double x2,
                                                  double y2) throws Exception {
    FilterFactory2 ff = CommonFactoryFinder.getFilterFactory2();
    FeatureType schema = featureSource.getSchema();

    // 通常在 Shapefile 文件中，默认的空间字段名称为“the_geom”
    String geometryPropertyName =
           schema.getGeometryDescriptor().getLocalName();
    CoordinateReferenceSystem targetCRS =
           schema.getGeometryDescriptor().getCoordinateReferenceSystem();

    ReferencedEnvelope bbox =
           new ReferencedEnvelope(x1, y1, x2, y2, targetCRS);

    Filter filter =
           ff.bbox(ff.property(geometryPropertyName), bbox);
    return featureSource.getFeatures(filter);
}
```

3. 时间属性检查

除了数据属性和空间属性，还有一类需要特别关注的属性，即时间属性。根据时间属性，我们可以仅获取最近采集空间数据，即获取忽略过去一段时间后的历史数据。也可以根据时间属性，研究过去一段时间某个空间区域内的变化特征。但是时间属性过滤通常有两个问题，一个是时间字符串如何处理，另一个是时区问题。GeoTools 的 CQL 原生支持 ISO-8601 时间字符串规范，该规范定义了时间和时区在字符串中的表述形式。GeoTools 的时间属性过滤如代码清单 11-13 所示。

代码清单 11-13 时间属性过滤

```
//构建 ISO 8601 时间字符串规范
DateFormat FORMAT = new SimpleDateFormat("yyyy-MM-dd'T'HH:mm:ss.SSSZ");
Date date1 = FORMAT.parse("2021-07-05T12:08:56.235-0700");
Instant temporalInstant = new DefaultInstant(new DefaultPosition(date1));

//查询指定时间之后
Filter after = ff.after(ff.property("date"), ff.literal(temporalInstant));

//查询指定时间范围
Date date2 = FORMAT.parse("2021-07-04T12:08:56.235-0700");
Instant temporalInstant2 = new DefaultInstant(new DefaultPosition(date2));
Period period = new DefaultPeriod(temporalInstant, temporalInstant2);

Filter within = ff.toverlaps(ff.property("constructed_date"), ff.literal(period));
```

11.2.5 空间数据归档入库模块

除了需要统一各类文件型空间数据的格式，很多时候我们还需要将文件型空间数据导入关系数据库，这个过程被称为空间数据归档入库。具有空间扩展的关系数据库可以合理地将文件型空间数据归档，并支持使用 SQL 进行查询。第 9 章已经详细地阐述了关于空间数据库的各种知识。GeoTools 中也添加了基于 JDBC 的数据库连接功能。因此本小节将主要以 GeoTools 支持的 PostGIS 为例进行空间数据归档入库模块的介绍。所有类型的空间数据在 PostGIS 中都将以表（table）的形式存储。将空间数据导入数据库时，我们需要准确存储数据库的不同连接参数，其中包括：host、port、databasename、schema、username、password，同时我们也要将我们所需要导入的数据存入相应的 table。在进行导入时，我们实际上是将从空间数据文件（各种类型，如.shp、.geojson、.gpkg 等）中读取的 FeatureCollection 存入 PostGIS。这部分的代码可以参照前面几个小节的代码清单进行编写。在读取到 FeatureCollection 后，我们就可以连接数据库并进行空间数据导入，如代码清单 11-14 所示。

代码清单 11-14 数据入库

```
//连接数据库
PGDatastore pgDatastoregp = new PGDatastore(
                    <host>,
                    <port>,
                    <databasename>,
                    <schema>,
                    <username>,
                    <password>);
//连接数据库 DataStore
DataStore datastoregp = pgDatastoregp.getDatastore();

//将 FeatureCollection 导入
//获取 feature 类型
SimpleFeatureType simpleFeatureType = (SimpleFeatureType) featureCollection.getSchema();
SimpleFeatureTypeBuilder typeBuilder = new SimpleFeatureTypeBuilder();
typeBuilder.init(simpleFeatureType);
typeBuilder.setName(pgtableName);//设置存储写入的数据的表的表名

SimpleFeatureType newtype = typeBuilder.buildFeatureType();
postgisDatasore.createSchema(newtype);//在数据库中新建 schema

//准备导入数据
FeatureIterator iterator = featureCollection.features();
FeatureWriter<SimpleFeatureType, SimpleFeature> featureWriter =
postgisDatasore.getFeatureWriterAppend(pgtableName, AUTO_COMMIT);
//写入数据
while (iterator.hasNext()) {
    Feature feature = iterator.next();
    SimpleFeature simpleFeature = featureWriter.next();
    Collection<Property> properties = feature.getProperties();
```

```
        Iterator<Property> propertyIterator = properties.iterator();
        while (propertyIterator.hasNext()) {
            Property property = propertyIterator.next();
            simpleFeature.setAttribute(property.getName().toString(),
            property.getValue());
        }
        featureWriter.write();
    }
    iterator.close();
    featureWriter.close();
```

在有了以上我们已经介绍过的功能之后，我们已经能够获得比较充足的数据以满足我们的项目所需。由于数据的版本、导入数据库的时间以及整个空间数据的位置所属是空间数据管理系统非常重要的分类存储依据，因此我们需要通过时间与空间上的归档操作进行数据的分类存储。

在时间维度上，同样的内容在不同时间版本下会有或大或小的变动。以一座城市中的兴趣点数据作为例子。数据库中原先存储的是 2020 年的兴趣点数据，而现在我们通过各个数据源采集获取的 2021 年的数据可能在很多兴趣点上有了较大的变动，如某点商户主体的变动等。而我们在需要了解这些数据随时间变化过程时，就可以通过在将数据导入数据库时添加的时间标记进行查询和展示。

Java 程序设计中一个非常方便的添加时间标记的方法就是时间戳。在 Java 程序中，时间戳通常是用 Long 表示的毫秒值，可以根据导入数据库的时间进行标记以达到版本标注的目的。

如代码清单 11-15 所示，我们进行空间数据归档入库时，可以将时间戳信息作为标记加在表名（tablename）后用以标记版本。

代码清单 11-15　时间戳与日期标注

```
//获取当前时间戳（精确到毫秒值的 13 位时间戳）
Long timeStamp = System.currentTimeMillis();
//从时间戳获取当前时间
Data data = new Data(timestamp); //new Data()中需输入精确到毫秒值的 13 位时间戳
//从日期中获得年份
date.getYear() + 1900; // 必须加上 1900
//从日期中获得月份
date.getMonth() + 1; // 0～11，必须加上 1
//获得日期（天）
date.getDate(); // 1~31，不能加 1

//创建 schema
FeatureType featureType = DataUtilities.createType( "my" + timeStamp, "geom:Point,
                          name:String,age:Integer,description:String" );
//DataStore 的创建 schema 方法
datastore.createSchema( featureType );
```

同样，在空间维度上，我们也可以添加标记来进行空间上的归档操作，常见的方法是通过行政区划进行标记，如省（区）、市、县等级划分等。这一部分的分类，我们可以通过在数据库建立不同的表来进行区分。

11.3 本章小结

空间数据管理系统是系统操作空间数据的自动化工具，其中包含对空间数据的各种常用操作，如空间数据格式转换、空间数据模拟生成等。本章展示了一个具备基本功能的空间管理系统的结构构成，并提供了基本功能的实现。读者可根据本章内容，结合自身实际需求，构建满足自身需求的空间数据管理系统。

第 12 章

常见问题

由于 GeoTools 是一个开源软件，可能用户在使用的过程中会碰到各种各样的问题，有软件本身属性方面的，也有代码层面的，本章将挑选出其中比较有代表性的问题来进行解析，这些问题如下。

- 如何获取 GeoTools 的开源许可证。
- GeoTools 的依赖下载问题。
- Shapefile 乱码问题。
- 针对要素的细节操作问题。
- 更新 schema 失败问题。
- 坐标轴顺序问题。
- 圆形问题。
- 经纬度距离计算问题。

12.1 如何获取 GeoTools 的开源许可证

开源项目的开源许可证的内容是非常重要的，对于想要利用这些开源项目来进行开发的公司来说尤其重要。有一些开源许可证是比较开放的，例如 Apache 2.0 协议、MIT 协议等，公司都可以直接使用这些项目来进行开发。但是对于一些有传染性的开源协议，就可能会造成专利和著作权方面的问题，例如对于通用公共许可证（General Public License，GPL），它要求使用对应开源项目的项目也是开源的。

GeoTools 是被广泛使用的空间地理信息工具包，现在是开源地理空间基金会（Open Source GeoSpatial Foundation，OSGeo）的成员项目，采用的开源许可证是 GNU LGPL。这是一种比较宽松的GPL，与GPL的区别是，如果用户只是对LGPL软件的程序库中的程序进行调用而不是引用其源代码，相关的源程序就无须开源。

结合开发实践，它仅保护的是开源代码的完整性，因为一般来说直接调用程序是不会改变源代码的。如果需要对源代码进行修改，软件中才会出现对应的源代码文件。LGPL正是为了避免这种情况的出现，以免用户篡改原始开源项目开发者的意图。

在GeoTools中，对应的开源许可证文件存在于项目根目录下的“LICENSE”文件中，这个文件可以从自由软件基金会（Free Software Foundation，FSF）获取到。

GeoTools的一些附加模块，还包含一些其他的开源许可证，如表12-1所示。

表12-1 GeoTools使用的不同开源许可证

模块名称	开源许可证
gt-main	BSD Licence
gt-xsd-core	Apache License
gt-brewer	Apache License

12.2 GeoTools的依赖下载问题

用户在使用GeoTools时，如果利用Maven作为构建工具，就会在Maven的中央仓库中发现，GeoTools相关的依赖可能会存在于不同的仓库中，其中比较主要的是OSGeo、GeoMesa、GeoSolutions、Boundless这几个仓库。其中GeoMesa是一种地理信息系统的Web端框架，对应的依赖资源比较少；GeoSolutions则是提供地理信息系统方面开源解决方案的公司，对应的依赖也是比较少的，在此不做评价。

比较重要的是OSGeo和Boundless，这涉及了GeoTools这个项目的历史沿革。

虽然最开始GeoTools是由利兹大学的大学生开发的，不过早期这个项目是隶属于Boundless公司的，因此对应的JAR包也是存在于Boundless公司的仓库之中的。但是从22.x版本开始，GeoTools被转交给了OSGeo来进行管理，这个也就是前面所说的开源地理空间基金会。因此，从这个版本开始，对应的JAR包是保存在OSGeo的仓库中的，同样也是可以直接从中央仓库中拉取到的，但是对于22.x版本以前的依赖，则需要进行一些配置，以从Boundless公司的仓库拉取。当然保险起见，可以同时配置两边的仓库地址，如代码清单12-1所示。

代码清单12-1 GeoTools依赖仓库配置

```
<repositories>
    <repository>
```

```
            <id>osgeo</id>
            <name>Open Source Geospatial Foundation Repository</name>
            <url>http://download.osgeo.org/webdav/geotools/</url>
        </repository>
        <repository>
          <snapshots>
            <enabled>true</enabled>
          </snapshots>
          <id>boundless</id>
          <name>Boundless Maven Repository</name>
          <url>http://repo.boundlessgeo.com/main</url>
        </repository>
    </repositories>
```

而关于依赖的另一个需要注意的点是，在 GeoTools 发展过程当中，尤其是在 21.x 版本中，模块名称进行了一些变更。例如 gt-api 模块就被移除了， gt-data 模块也被并入了 gt-metadata 模块，相关的类和操作方法也进行了调整，用户在使用的过程中可能需要对这些变更多加注意。

12.3 Shapefile 乱码问题

一些旧版本的 GeoTools 对中文支持得不完善，例如在内部，GeoTools 使用的默认字符集是 ISO-8859-1，但是中文字符往往需要的是 UTF-8 或者 GBK，因此如果需要利用 GeoTools 来读取包含中文的 Shapefile 文件，就需要对 GeoTools 做出一些调整。

例如我们需要读取一份含有中文道路的 Shapefile 文件，如果按照传统方法，如代码清单 12-2 所示。

代码清单 12-2 传统 Shapefile 文件的读取方式

```
HashMap<String, Serializable> param = new HashMap<>();
param.put("url", new File("xxx.shp").toURI().toURL());

DataStore newDataStore = new ShapefileDataStoreFactory().createNewDataStore(param);
String typeName = newDataStore.getTypeNames()[0];
SimpleFeatureIterator features =
    newDataStore.getFeatureSource(typeName).getFeatures().features();
while (features.hasNext()) {
    System.out.println(features.next());
}
```

如果按照这种方式来进行读取，那么读取结果中会出现很多乱码，如代码清单 12-3 所示。

代码清单 12-3 读取 Shapefile 文件的乱码结果

```
SimpleFeatureImpl.Attribute: NAME<NAME id=aanp.10188>=»·µºÂ·
SimpleFeatureImpl.Attribute: NAME<NAME id=aanp.10189>=º ËÛ×-ÐÂÇÅ
SimpleFeatureImpl.Attribute: NAME<NAME id=aanp.10190>=¹ ú,¶Â·
SimpleFeatureImpl.Attribute: NAME<NAME id=aanp.10191>=Îå¹ÈºÓ
......
```

一般我们常用的字符集如表 12-2 所示。

表 12-2 常用的字符集

字符集名称	解释	包含的字符类型
ISO-8859-1（Latin-1）	西欧语言编码集	拉丁字母以及其他的 96 个字母和符号
GB2312	中华人民共和国国家标准简体中文字符集	收录 6763 个汉字以及其他语系的 682 个字符
GBK	汉字国标扩展码	收录 21886 个汉字和图形符号
UTF-8	针对 Unicode 的可变长度字符编码	理论支持 1111998 个字符

我们在使用过程中，Shapefile 文件一般是使用 GBK 来进行编码的，因此我们可以在对应的 DataStore 上面配置需要的字符集。不过需要注意的是，此时需要对 DataStore 的类型进行强转，因为只有 ShapefileDataStore 才可以对字符集进行配置，如代码清单 12-4 所示。

代码清单 12-4 正确读取 Shapefile 文件的代码实现

```
HashMap<String, Serializable> param = new HashMap<>();
param.put("url", new File("XXXX.shp").toURI().toURL());

ShapefileDataStore newDataStore =
    (ShapefileDataStore)(new ShapefileDataStoreFactory().createNewDataStore(param));

// 配置字符集
newDataStore.setCharset(Charset.forName("GBK"));

String typeName = newDataStore.getTypeNames()[0];
SimpleFeatureIterator features = newDataStore.getFeatureSource(typeName).
                                  getFeatures().features();
while (features.hasNext()) {
    System.out.println(features.next());
}
```

我们这个时候就能够获取到正确的结果了，如代码清单 12-5 所示。

代码清单 12-5 正确读取 Shapefile 文件的结果输出

```
SimpleFeatureImpl.Attribute: NAME<NAME id=aanp.10190>=国付路
SimpleFeatureImpl.Attribute: NAME<NAME id=aanp.10191>=五谷河
```

```
SimpleFeatureImpl.Attribute: NAME<NAME id=aanp.10192>=宁启线林南段
SimpleFeatureImpl.Attribute: NAME<NAME id=aanp.10193>=外环西路
...
```

12.4 针对要素的细节操作问题

在 GeoTools 中，空间矢量数据都是利用 SimpleFeatureType 和 SimpleFeature 来进行封装和管理的，但是用户其实可以看到很多细节操作，GeoTools 并没有直接给出比较好的解决方案。例如如果需要构造 SimpleFeatureType，我们不能直接构造，需要使用 SimpleFeatureBuilder 进行构造，而且这样构造的 SimpleFeatureType 也是无法变更的。为了解决这些问题，GeoTools 在 DataUtilities 中提供了很多工具方法，本节会对比较重要的工具方法进行介绍。

12.4.1 reType 方法

在 GeoTools 的实际开发中，我们可能需要从一个 SimpleFeature 中抽取一些信息来进行后面的操作。例如我们有一个 SimpleFeature，这个 SimpleFeature 是由 a、b、c、d 这 4 个字段组成的，但是我们可能需要一个由 a、c 两个字段组成的 SimpleFeature，所以就需要利用另一个 SimpleFeatureType 来进行抽取，如代码清单 12-6 所示。

代码清单 12-6 reType 的使用方法

```
SimpleFeature sf1 = ...
SimpleFeatureType type = ...
SimpleFeature sf2 = DataUtilities.reType(roadType, sf1);
```

需要注意的是，在 DataUtilities 中，reType 有两个重载方法，其中一个重载方法里面有一个 boolean 类型的参数 duplicate，它的作用是区分开是否要进行深拷贝。如果 duplicate 参数配置为 true，最终形成的 SimpleFeature 对象内部的属性值也会是全新的对象；但是如果配置为 false，最终形成的 SimpleFeature 对象内部的属性值将依然使用原来 SimpleFeature 中的属性值。

12.4.2 first 方法

first 方法主要是用来获取一个 FeatureCollection 内的第一个 Feature 对象的。这个方法非常简单，在实际场景中经常会用到，比如我们获取到了一个结果集，但是不知道这个结果集里面 SimpleFeature 对象对应的 SimpleFeatureType 结构，此时就需要获取第一个 Feature 对象，然后从中提取对应的 SimpleFeatureType 对象。

12.4.3 createType 方法

createType 方法是一个简便的构造 SimpleFeatureType 的方法。相比于建造者模式的 SimpleFeatureTypeBuilder 需要通过代码不断添加对应的属性来解释对象的方式，用户可以直接使用一个字符串来构造 SimpleFeatureType 对象。

这里我们需要了解一个概念，GeoTools 为了更为简便地描述 SimpleFeatureType 的信息，自行定义了一套 SimpleFeatureType 的编码规范，基本格式如代码清单 12-7 所示。

代码清单 12-7 SimpleFeatureType 的编码规范

```
name:Type,name2:Type2,...
```

具体的示例如代码清单 12-8 所示。

代码清单 12-8 SimpleFeatureType 的编码规范示例

```
taxiId:String,dtg:Date,*geom:Point:srid=4326,description:String
```

这种书写方式比较类似于 SQL 中对表结构的描述，因此是非常容易理解和使用的。

在实际工作中，我们就可以通过调用 DataUtilities 类中的 createType 方法，直接解析对应的描述信息，最终获取到我们需要的 SimpleFeatureType 对象。

12.4.4 bounds 方法

在地理信息系统中，对于一个要素或者要素集合，它们的空间边界信息是非常重要的，这些信息是定位空间位置的重要依据，也是构建空间索引的依据。在 GeoTools 的 DataUtilities 类中，给出了 bounds 方法，它可以非常简单地计算出 Feature 迭代器、Feature 集合的空间边界框对象，根据这个边界框对象，我们就可以获取到能够包裹这些 SimpleFeature 对象的最小矩形。

12.5 更新 schema 失败问题

在使用 GeoTools 操作空间数据的过程中，我们经常需要修改数据中的字段信息，比如新增一个字段、删除一个字段或修改某个字段的数据类型。空间数据的字段信息在 GeoTools 中被称为 schema。GeoTools 在自身的矢量数据操作 API 中确实提供了 updateSchema 方法，但是当我们实际执行该方法的时候，GeoTools 又会抛出一个提示不支持的操作的异常。这是因为在 GeoTools 的设计中，主要面向的应用场景是空间数据的 Web 服务化，在这类应用场景下，空间数据的字段信息被认为是不可变的（Immutable），因此 GeoTools 虽然在矢量数据操作 API 中提供了相关方法，却并没有进行实现。

如果用户确实有相关使用需求，而且确实必须使用 GeoTools 来处理空间数据，可以根据修改后的字段信息新建一份空的空间数据文件，然后将原空间数据导入修改后的字段信息的空间数据文件，即可实现此类需求。

12.6 坐标轴顺序问题

在传统的地理信息领域内，坐标轴的顺序基本都是经度在前、纬度在后。然而，近年来随着各类互联网地图厂商纷纷推出自家的地图服务 API，这些地图服务 API 在坐标轴顺序上各不相同，导致了坐标轴顺序问题的产生，具体分析如表 12-3 所示。

表 12-3 常见互联网地图厂商地图服务 API 的坐标轴顺序

厂商名称	坐标轴顺序	示例
高德地图	经度在前、纬度在后	111.39, −31.31
百度地图	纬度在前、经度在后	−31.31,111.39
腾讯地图	纬度在前、经度在后	−31.31,111.39
天地图	经度在前、纬度在后	111.39, −31.31

GeoTools 在坐标系设置中考虑了这类情况，用户可在系统设置中强制使用经度在前、纬度在后的坐标轴顺序，然后在处理其他非此顺序的地图服务 API 的坐标时可以先对其进行转换再进行处理，如代码清单 12-9 所示。

代码清单 12-9 设置坐标轴顺序

```
System.setProperty("org.geotools.referencing.forceXY", "true");
```

12.7 圆形问题

在前文介绍的 OGC 规范中，几何类型包括点（Point）、多点（MultiPoint）、线（LineString）、多线（MultiLineString）、面（Polygon）、多面（MultiPolygon）等，并没有圆形的定义。因此当用户已知一个经纬度坐标点和半径（单位为 m 或 km），如何获得一个圆形几何对象便成了初学者最常遇见的问题。

这个问题可被拆分为两个子问题。第一个子问题是 OGC 规范中并没有圆形的定义与实现，该如何解决此情况？圆形实际上被认为是一种正多边形，通常使用正六十四边形近似表达圆形。第二个子问题是如何解决经纬度表示的圆心坐标和单位为 m 或 km 的半径在量纲上的不统一？解决第二个子问题有两种思路。

（1）将半径的单位从 m 或 km 转换为度，然后转换为一个平面问题进行处理，该方法仅适用于半径较小（1000km 以内）的情况。

（2）将经纬度表示的坐标转换为指定投影坐标系的投影坐标，然后基于投影坐标进行计算，计算完毕后再将计算结果的坐标反算回用经纬度表示的坐标。

思路（1）的代码示例：假设经纬度表示的坐标点的参考坐标系是 WGS-84，具体代码实现如代码清单 12-10 所示。

代码清单 12-10 计算圆形示例 1

```
GeodeticCalculator calc = new  GeodeticCalculator(DefaultGeographicCRS.WGS84);
calc.setStartingGeographicPoint(point.getX(), point.getY());
calc.setDirection(0.0, 10000);
Point2D p2 = calc.getDestinationGeographicPoint();
calc.setDirection(90.0, 10000);
Point2D p3 = calc.getDestinationGeographicPoint();

double dy = p2.getY() - point.getY();
double dx = p3.getX() - point.getX();
double distance = (dy + dx) / 2.0;
Polygon p1 = (Polygon) point.buffer(distance);
```

思路（2）的代码示例：假设经纬度表示的坐标点的参考坐标系是 WGS-84，本例使用 GeoTools 提供的通用横墨卡托（Universal Transverse Mercator，UTM）投影作为平面坐标系，具体实现如代码清单 12-11 所示。

代码清单 12-11 计算圆形示例 2

```
public SimpleFeature bufferFeature(SimpleFeature feature,
                        Measure<Double, Length> distance) {
    // 获取 SimpleFeature 对象中的几何属性
    GeometryAttribute gProp = feature.getDefaultGeometryProperty();
    CoordinateReferenceSystem origCRS =
        gProp.getDescriptor().getCoordinateReferenceSystem();

    Geometry geom = (Geometry) feature.getDefaultGeometry();
    Geometry pGeom = geom;
    MathTransform toTransform, fromTransform = null;
    // 将经纬度投影到平面坐标系
    if (!(origCRS instanceof ProjectedCRS)) {
        double x = geom.getCoordinate().x;
        double y = geom.getCoordinate().y;
        String code = "AUTO:42001," + x + "," + y;
        // System.out.println(code);
        CoordinateReferenceSystem auto;
        try {
```

```
            auto = CRS.decode(code);
            toTransform = CRS.findMathTransform(DefaultGeographicCRS.WGS84, auto);
            fromTransform = CRS.findMathTransform(auto, DefaultGeographicCRS.WGS84);
            pGeom = JTS.transform(geom, toTransform);
        } catch (Exception e) {
            // 输出错误信息
            e.printStackTrace();
        }
    }
}
```

经过转换后的几何对象 pGeom 已经在平面坐标系下，再将其转换回 WGS-84 坐标系即可得到经纬度表示的坐标的圆形几何对象。

12.8 经纬度距离计算问题

在地理信息系统的开发中，另一类常见的问题是已知两点的经纬度表示的坐标，如何计算这两个点的平面距离。在第 4 章中，我们介绍了椭球体的概念，用经纬度表示的两个点实际是位于椭球体表面的两点，因此这两个点之间的最短距离实际计算的是椭球体表面上两点的最短距离。GeoTools 为此设计了 GeodeticCalculator 类，用于解决椭球体中的各类计算问题，其类图如图 12-1 所示。

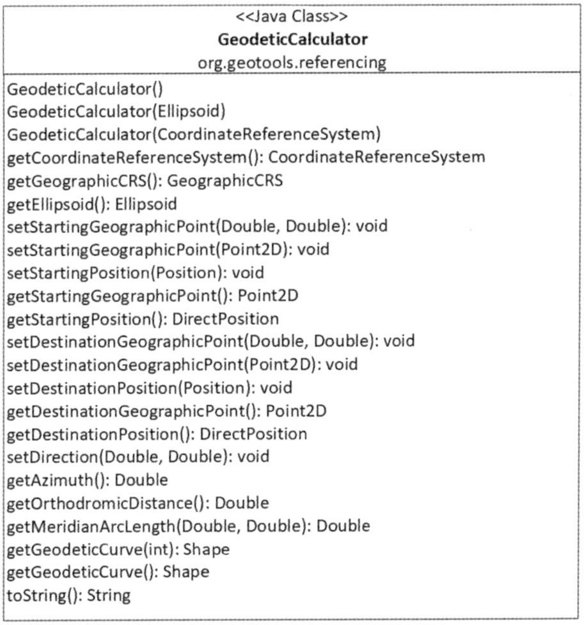

<<Java Class>>
GeodeticCalculator
org.geotools.referencing

GeodeticCalculator()
GeodeticCalculator(Ellipsoid)
GeodeticCalculator(CoordinateReferenceSystem)
getCoordinateReferenceSystem(): CoordinateReferenceSystem
getGeographicCRS(): GeographicCRS
getEllipsoid(): Ellipsoid
setStartingGeographicPoint(Double, Double): void
setStartingGeographicPoint(Point2D): void
setStartingPosition(Position): void
getStartingGeographicPoint(): Point2D
getStartingPosition(): DirectPosition
setDestinationGeographicPoint(Double, Double): void
setDestinationGeographicPoint(Point2D): void
setDestinationPosition(Position): void
getDestinationGeographicPoint(): Point2D
getDestinationPosition(): DirectPosition
setDirection(Double, Double): void
getAzimuth(): Double
getOrthodromicDistance(): Double
getMeridianArcLength(Double, Double): Double
getGeodeticCurve(int): Shape
getGeodeticCurve(): Shape
toString(): String

图 12-1 GeodeticCalculator 类图

有了 GeodeticCalculator 类这个工具，我们就能够进行两点的经纬度距离的计算，如代码清单 12-12 所示。

代码清单 12-12 计算两点的经纬度距离

```
//首先需要设置椭球体，不同椭球体的参数不同
GeodeticCalculator gc = new GeodeticCalculator(crs);
gc.setStartingPosition(JTS.toDirectPosition(start, crs));
gc.setDestinationPosition(JTS.toDirectPosition(end, crs));

double distance = gc.getOrthodromicDistance();
int totalmeters = (int) distance;
int km = totalmeters / 1000;
int meters = totalmeters - (km * 1000);
float remaining_cm = (float) (distance - totalmeters) * 10000;
remaining_cm = Math.round(remaining_cm);
float cm = remaining_cm / 100;
```

GeodeticCalculator 除了可以计算距离，也可以计算两点的方位角，如代码清单 12-13 所示。

代码清单 12-13 计算经纬度两点的方位角

```
double angle = gc.getAzimuth();
System.out.println("Angle = " + angle);
```

已知一个点的坐标，GeodeticCalculator 还可以根据方位角和距离计算另一个点的坐标，如代码清单 12-14 所示。

代码清单 12-14 计算另一个点的坐标

```
GeodeticCalculator calc = new GeodeticCalculator();
calc.setStartingGeographicPoint(45.4644, 9.1908);
calc.setDirection(90 /* azimuth */, 200 /* distance */);
Point2D dest = calc.getDestinationGeographicPoint();
System.out.println("Longitude: " + dest.getX() + " Latitude: " + dest.getY());
```

12.9 本章小结

本章作为本书的最后一章，总结了初学者在初步使用 GeoTools 和地理信息软件中可能会遇到的一些问题，主要包括 GeoTools 的开源许可证是什么、是否可以商业化、如何获取 GeoTools 的 Maven 依赖仓库、在使用 GeoTools 操作地理信息系统行业常见的 Shapefile 数据时的中文乱码的问题以及一些对要素进行增删改查的使用细节等。本章还介绍了 GeoTools

的一个隐含实现，即空间数据的字段信息是不可变的，这一特性的设计原因主要是 GeoTools 主要用于空间数据的 Web 服务化，在这类使用场景下，改变数据的字段可能会导致一些严重且难以排查的错误。本章的最后，仍聚焦于地理信息系统的核心的知识点，即坐标系的复杂性所造成的一些问题，包括不同地理信息软件所提供的坐标的坐标轴顺序可能是不同的、在遇到不同量纲下的计算问题时 GeoTools 是如何实现的等。由于本书篇幅有限，本章所列的这些问题并没有涵盖地理信息系统开发中可能遇到的全部问题。在实际使用时，编者希望读者能根据本书提供的思路，参考 GeoTools 的源代码和互联网上的其他资料，培养独立解决地理信息领域实际问题的能力。